建筑给排水工程施工与项目管理

鲁松华　李　君　李　凤　主编

汕頭大學出版社

图书在版编目（CIP）数据

建筑给排水工程施工与项目管理 / 鲁松华，李君，李凤主编. -- 汕头 : 汕头大学出版社, 2023.11
ISBN 978-7-5658-5175-9

Ⅰ. ①建… Ⅱ. ①鲁… ②李… ③李… Ⅲ. ①建筑工程－给水工程－工程施工－项目管理②建筑工程－排水工程－工程施工－项目管理 Ⅳ. ①TU82

中国国家版本馆 CIP 数据核字（2023）第 240943 号

建筑给排水工程施工与项目管理
JIANZHU JIPAISHUI GONGCHENG SHIGONG YU XIANGMU GUANLI

主　　编：鲁松华　李　君　李　凤
责任编辑：黄洁玲
责任技编：黄东生
封面设计：刘梦杳
出版发行：汕头大学出版社
广东省汕头市大学路 243 号汕头大学校园内　邮政编码：515063
电　　话：0754-82904613
印　　刷：廊坊市海涛印刷有限公司
开　　本：710mm × 1000mm　1/16
印　　张：11.75
字　　数：200 千字
版　　次：2023 年 11 月第 1 版
印　　次：2024 年 1 月第 1 次印刷
定　　价：68.00 元
ISBN 978-7-5658-5175-9

编　委　会

主　编　鲁松华　李　君　李　凤

副主编　陈　振　丁振宇　赵　凯

前言

建筑给排水工程是建筑工程的一个重要组成部分，随着城市建设的快速发展，人民的生活质量不断提高，在建筑安装工程中，给排水工程的施工质量，是关系到产品的建筑物功能、稳定运行的关键方面。当前，在全国各地建筑施工企业，普遍开展了工程质量“创优夺杯”的活动，加强企业质量管理，提高工程质量，已是施工企业立足之本。

由于建筑给排水施工周期较长，间断性施工安装较多，很多施工工序不能一次性完成，因此，在施工过程中，工程质量事故时有发生，质量通病经常出现，如何处理和解决好这些问题，是施工技术人员需要深入思考和付出努力的。为了确保工程质量，创造更多的优良工程，本书根据现行施工技术标准及质量验收规范要求，以建筑给排水工程为分析对象，汇集总结了施工中一些常见的质量通病，希望可以对从业者起到一定的帮助作用。

本书首先介绍了建筑给排水工程施工与管理的基本知识；然后详细阐述了工程项目管理和现场安全管理方面的内容，以适应当前建筑给排水工程施工与管理的发展。

本书突出了基本概念与基本原理，在写作时尝试多方面知识的融会贯通，注重知识层次递进，同时注重理论与实践的结合。希望可以为广大读者提供借鉴或帮助。

由于作者水平有限，书中不妥之处，望广大同行或读者给予批评指正。

目 录

第一章　建筑室内给水系统与施工技术

第一节　建筑室内给水系统

室内给水系统的基本任务，是根据室外给水管网的供水情况，结合室内给水管网的实际使用要求，采取适当的给水方式，将水经济合理而且安全可靠地提供给室内各种用水设备，以满足人们在生活、生产和消防方面对水质、水量和水压的要求。

一、建筑室内给水系统的分类与组成

（一）室内给水系统的分类

室内给水系统按其供水对象可分为生活给水系统、生产给水系统、消防给水系统及组合给水系统。

1.生活给水系统

满足人们饮用、烹调、盥洗、洗涤、沐浴等生活用水的室内给水系统，称为生活给水系统。生活给水系统要求水质必须严格符合国家规定的生活饮用水水质标准。

2.生产给水系统

满足生产过程中所需要的设备冷却水、原料和产品的洗涤水、锅炉用水及一些工业原料（如酿酒）用水的室内给水系统，称为生产给水系统。生产给水系统必须满足生产工艺对水质、水量、水压及安全方面的要求。

3.消防给水系统

满足一切工业与民用建筑消防设备用水的室内给水系统，称为消防给水系统。消防给水系统对水质要求不高，但必须按建筑设计防火规范要求，保证供应足够的水量和水压。

4.组合给水系统

上述三种给水系统，在实际工程中可以单独设置，也可根据建筑物内用水设备对水质、水压、水温的要求及室外给水系统的情况，经技术、经济和供水安全条件等综合比较，设置成组合各异的共用系统。如生活、生产给水系统，生产、消防给水系统，生活、消防给水系统，生活、生产、消防给水系统等。

（二）室内给水系统的组成

（1）水源：指城镇给水管网、室外给水管网或自备水源。

（2）引入管：指由室外给水管网引入建筑内水管网的那一段管段。

（3）水表节点：安装在引入管上的水表及其前后设置的阀门和泄水装置的总称，用以计量单幢建筑的总用水量。水表前后的阀门用于水表检修、拆换时关闭管路之用。泄水口主要用于室内管道系统检修时放空之用，也可用来检测水表精度和测定管道进户时的水压值。水表节点一般设在水表井中。

（4）给水管网：给水管网指的是建筑内水平干管、立管和支管。

（5）配水装置与附件：即配水龙头、消火栓、喷头与各类阀门（控制阀、减压阀、止回阀等）。

（6）增压和贮水设备：当室外给水管网的水量、水压不能满足建筑用水要求时，需要设置的主要有水泵、气压给水装置、变频调速给水装置、水池、水箱等增压和贮水设备。

（7）给水局部处理设施：当建筑对给水水质要求超出我国现行生活饮用水卫生标准时，或其他原因造成水质不能满足要求时，就需要设置一些设备、构筑物进行给水深度处理。这些设备、构筑物就是给水局部处理设施。

二、室内给水系统所需供水压力

建筑给水系统的供水压力，必须保证建筑物内最不利用水点（一般情况为建筑内最高、最远用水点）的用水要求。

其计算公式如下：

$$H=H_1+H_2+H_3+H_4 \tag{1-1}$$

式中：H——建筑给水管网所需水压，kPa；

H_1——引入管至最不利点之间的净压差，kPa；

H_2——引入管起点至配水最不利点的给水管路，即计算管路的压力损失，kPa；

H_3——水流通过水表时的压力损失，kPa；

H_4——配水最不利点所需的流出水头，kPa。

流出水头是指各种卫生器具配水龙头或用水设备处，为获得规定的出水量（额定流量）所需的最小压力。

在进行方案的初步设计时，对层高不超过3.5m的民用建筑，给水系统所需的水压可根据建筑物层数估算（自室外地面算起）其最小水压值：一层为100kPa；二层为120kPa；三层及三层以上每增加一层，水压增加40kPa。室内给水系统所需水压值为H，室外配水管网接入点水压为H_0，则有以下三种情况。

（1）当$H_0 \geqslant H$时，即室外配水管网压力满足室内给水所需压力，可直接由室外管网供水。

（2）当$H_0 > H$时，即室外管网压力大大有余，此时应通过减小一些管段的直径来达到$H_0 > H$，可以节省管材，降低投资费用。

（3）当$H_0 < H$时，即配水管网供水压力不足，如相差不多，可通过调整一些管段的管径来减少水头损失，降低H_0，使H减小，达到$H_0 \geqslant H$；否则需设增压设施。

三、建筑给水系统的给水方式

建筑给水系统的给水方式是指建筑内给水系统的具体组成与具体布置的实施方案。建筑给水系统给水方式的选择，必须依据用户对水质、水量和水压的要求，室外管网所能提供的水质、水量和水压情况，卫生器具及消防设备在建筑物内的分布，以及用户对供水安全可靠性的要求等条件来确定。现将常用的给水方式的基本类型介绍如下：

（一）直接给水方式

当室外给水管网的水量、水压在任何时候都能满足室内给水管网的要求时，可采用直接给水方式。这种给水方式无须任何加压设备和储水设备，投资少，施工维修方便。

（二）单设水箱的给水方式

当室外给水管网的水质、水量能满足室内管网的要求但水压间断不足时，可采用设有水箱的给水方式。该方式在用水低峰时，利用室外给水管网水压直接供水并向水箱进水。高峰用水时，水箱出水供给水系统，从而达到调节水压和水量的目的，但由于水在水箱中的滞留，存在二次污染的可能。

（三）设置贮水池、水泵和水箱的给水方式

对建筑用水可靠性要求高，室外管网水量、水压经常不足，且不允许直接从外网抽水，或者是外网不能保证建筑的高峰用水，且用水量较大，或是要求储备一定容积的消防水量时，应采用这种给水方式。该方式的优点是由于贮水池、水箱都储存一定的水量，当停水停电时可延时供水，供水可靠，水压力稳定；缺点是水泵震动、有噪声。

（四）单设水泵和设水泵水箱的给水方式

当室外给水管网允许用水泵直接抽水时，也可以采用单设水泵的给水方式或设水泵水箱的给水方式。采用这两种给水方式有可能使外网水压力降低，影响外网上其他用户用水，严重的还可能形成外网负压，在管道接口不严密处，其周围的渗水会吸入管内，造成水质污染。因此，采用这两种方式，必须征得供水部门的同意，并在管道连接处采取必要的防护措施以防污染。

（五）分区给水方式

在多层、高层建筑物中，外网水压往往只能满足建筑物下面几层的供水压力。为了充分有效地利用室外管网的水压，常将建筑物分成上下两个或多个供水区。下区利用城市管网直接供水，上区则由贮水池、水泵、水箱联合供水。两区

间可由一根或几根立管连通，在分区处装设阀门，必要时可使整个管网全由水箱供水或由室外管网直接向水箱充水。这种给水方式对建筑物底层设有洗衣房、浴室、大型餐饮业等用水量较大的建筑物尤有经济意义。

（六）设气压给水设备、变频调速给水设备的给水方式

当室外管网压力低于或经常不能满足室内所需水压，室内用水不均匀，且建筑物不宜设置高位水箱时，可采用气压给水设备给水方式。这种给水方式即在给水系统中设置气压给水设备，利用该设备气压水罐内气体的可压缩性，协同水泵共同增压供水。气压水罐的作用等同于高位水箱，但其位置可根据需要较灵活地设在高处或低处。

当室外供水管网水压经常不足、建筑内用水量较大且不均匀、要求可靠性较高、水压恒定时，或者建筑物顶部不宜设高位水箱时，可以采用变频调速给水设备进行供水。这种给水方式可省去屋顶水箱，水泵效率较高，但一次性投资较大。

（七）高层建筑给水方式

以上介绍的六种给水方式是最基本的，高层建筑给水方式就是用上述最基本的给水方式采取组合、并联、接力等方法而形成的。

1.分区的原因

（1）不分区水压过高，打开水龙头会水花四溅，使用不便。

（2）不分区水压过高，开关水龙头时会产生水锤现象。由于水压波动，造成管道振动产生噪音，进而引起管道松动漏水，甚至损坏。

（3）不分区水压过高，使水龙头、阀门等容易磨损，缩短使用寿命，增加维修工作量。一般来说，最不利卫生器具配水点处的静水压力不宜大于0.45MPa，且最大不得大于0.55MPa。

2.分区原则

我国现行《建筑给水排水设计标准》（GB 50015-2019）规定：

（1）常用的住宅、旅馆、医院等，其最低卫生器具的静水压力为0.3～0.35MPa。

（2）常用的办公楼、商业楼、教学楼等宜为0.35～0.45MPa。

（3）高层建筑生活给水系统的竖向分区，应根据使用要求、设备材料性能、维护管理条件、建筑高度等综合因素合理确定。一般最低卫生器具配水点处的静水压力不宜大于0.45MPa，且最大不得大于0.55MPa。

3.目前我国高层建筑常用的给水方式

（1）并联给水方式（并联水泵水箱给水方式、并联气压给水设备给水方式）：并联水泵、水箱给水方式是每一分区分别设置一套独立的水泵和高位水箱向各区供水。其水泵一般集中设置在建筑的地下室或底层。这种方式的优点是各区自成一体，互不影响；水泵集中，管理维护方便；运行动力费用较低。缺点是水泵数量多，耗用管材较多，设备费用偏高；分区水箱占用楼房空间多；有高压水泵和高压管道。

（2）串联给水方式是水泵分散设置在各区的楼层之中，下一区的高位水箱兼作上一区的贮水池。这种方式的优点是无高压水泵和高压管道；运行动力费用经济。其缺点是水泵分散设置，连同水箱所占楼房的平面空间较大；水泵设在楼层，对防震、隔音要求高，且管理维护不方便；若下部发生故障，将影响上部的供水。

（3）减压给水方式（减压水箱给水方式、减压阀给水方式）：减压水箱给水方式是由设置在底层（或地下室）的水泵将整幢建筑的用水量提升至屋顶水箱，然后分送至各分区水箱，分区水箱起到减压的作用。

这种方式的优点是水泵数量少，水泵房面积小，设备费用低，管理维护简单；各分区减压水箱容积小。其缺点是水泵运行动力费用高；屋顶水箱容积大，建筑物高度大、分区较多时，下区减压水箱中浮球阀承压过大，易造成关闭不严的现象；上部某些管道部位发生故障时，将影响下部的供水。减压阀给水方式的工作原理与减压水箱给水方式相同，不同之处是用减压阀代替减压水箱。

四、建筑给水系统常用管材

室内给水管材分为金属和非金属两大类，总的要求有三个方面：一是要有一定的机械强度和刚度；二是管材内外表面光滑，水力条件好；三是易加工，且有一定的耐腐蚀能力。在保证质量的前提下，应选择价格低廉、货源充足、供货近便的管材。

（一）塑料管

随着我国科学技术和生产工艺的不断提高，塑料类新型管材不断涌现，目前常用的有聚氯乙烯管（UPVC）、聚乙烯管（PE）[包括高密度聚乙烯管（HDPE）和交联聚乙烯管（PEX）]、聚丙烯管（PP）、改性聚丙烯管（PPR）、聚丁烯管（PB）和工程塑料管（ABS）。

塑料管具有良好的化学稳定性，耐腐蚀，不受酸、碱、盐、油类等物质的侵蚀；物理机械性能也很好，不燃烧、无不良气味、质轻且坚，比重仅为钢的1/5，运输安装方便；管壁光滑，水流阻力小；容易切割，还可制造成各种颜色。当前，已有专供输送热水使用的塑料管，其使用温度可达95℃为防止管网水质污染、减轻劳动强度、节约钢材，

（二）给水铸铁管

给水铸铁管与钢管相比，有不易腐蚀、造价低、使用期长等优点。因此，在管径大于75mm的给水管中应用较广，常敷设于地下，其主要缺点是性脆、重量大、长度小。我国生产的给水铸铁管有低压管（≤0.45MPa）、普压管（≤0.75MPa）、高压管（≤1.0MPa）三种。室内给水管道一般使用普压给水铸铁管，实际选用时应根据管道的工作压力来确定。其规格（按公称直径）有75mm、125mm、150mm、200mm等。

（三）钢管

钢管有焊接钢管、无缝钢管两种。焊接钢管又分镀锌焊接钢管和不镀锌焊接钢管。钢管镀锌的目的是防锈、防腐、避免水质变坏，延长使用年限。所谓镀锌焊接钢管，应当是热浸镀锌生产的产品，钢管的强度高，承受流体的压力大，抗震性能好，长度大、接头较少，韧性好，加工工艺简单，安装方便，重量比铸铁管轻；但抗腐蚀性差，易影响水质。因此，虽然以前在建筑给水中普遍使用钢管，但现在冷浸镀锌钢管已被淘汰，热浸镀锌钢管在建筑工程中大多使用在自动喷淋灭火系统中，在生活给水系统中已禁止使用；不镀锌钢管大多使用在消火栓系统中。无缝钢管耐压高，因此，当系统压力高而镀锌钢管不能满足要求时，可采用无缝钢管。无缝钢管常用于高层建筑和消防工程中。

（四）其他管材

1.铜管

铜管不易被污染、光亮美观、使用寿命长、配套齐全。我国几十年的使用情况验证其效果优良，但管材价格较高，现在多用于宾馆等较高级的建筑冷热水供应中。

2.铝塑复合管

铝塑复合管是中间以铝合金为骨架、内外壁均为聚乙烯等塑料的管道。它除具有塑料管的优点外，还有耐压强度好、耐热、可挠曲、接口少、安装方便、美观等优点。目前，管材规格大多为DN15～50，多用于建筑给水系统和热水系统中。

3.钢塑复合管

钢塑复合管有衬塑和涂塑两类，兼有钢管强度高和塑料管耐腐蚀、保持水质的优点。它广泛应用于高层建筑中，但要特别注意钢、塑热胀冷缩问题。

五、管道附件及设备

管道附件分为配水附件和控制附件两类。它在系统中起调节水量、水压，控制水流方向和关断水流等作用。

（一）配水附件

配水附件的作用是开启、关闭水流和部分调节水流量。

1.普通水龙头

截止阀式配水龙头，一般安装在洗涤盆、污水盆、盥洗槽上。该龙头阻力较大，其橡胶衬垫容易磨损而漏水。铸铁式水龙头属逐步淘汰队列。瓷片式配水龙头，采用陶瓷片阀芯代替橡胶衬垫，解决了普通水龙头的漏水问题，是铸铁式配水龙头的替代产品。旋塞式配水龙头，该龙头旋转90°即完全开启，可在短时间内获得较大流量，阻力也较小；缺点是易产生水击，适用于用水量较大的浴池、洗衣房、开水间等处。

2.盥洗龙头

盥洗龙头装设在洗脸盆上用于开闭冷热水，有莲蓬头式、鸭嘴式、角式、长脖式等多种形式。

3.混合龙头

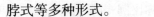

混合龙头以冷热水调节为目的，供盥洗、洗涤、沐浴等使用。该类产品式样繁多，质量、价格悬殊较大。

（二）控制附件

控制附件是指系统中的各种阀门，主要用于管道中的流量调节、开闭水流和控制水流方向等。

室内给水工程中常用的阀门如下：

1.截止阀

截止阀，是最常用的阀门之一，一般用于DN≤50mm的管道上。它具有方向性，因此，安装时应使阀门上的“箭头”与管道水流方向一致，即“低进高出”。截止阀结构简单，密封性能好，检修方便；但水流通过时，阻力较大。

2.闸阀

闸阀又称“水门”，属全开全闭型阀门，应尽量不作调节流量之用。这是最常用的阀门之一，一般用于DN≥70mm的管道上。闸阀流体阻力小，安装没有方向性的要求，但闸板易擦伤而影响密封性能，还易被杂质卡住造成开闭困难。

3.止回阀

止回阀又称单向阀、逆止阀，用来阻止水流的逆向流动。如用于水泵出口的压水管路上，防止停泵时水倒流造成对水泵、电机的损害。常用的止回阀主要有升降式和旋启式两种类型。前者水流阻力较大，宜用于小管径的水平管道上；后者在水平、垂直管道上均可设置，它启闭迅速，但易引起水击，不宜在压力大的管道系统中采用。

4.浮球阀

浮球阀是一种用以自动控制水池、水箱水位的阀门，防止溢流浪费的设备。其缺点是体积较大，阀芯易卡住引起关闭不严而溢水。与浮球阀功用相同的还有液压水位控制阀，它克服了浮球阀的弊端，是浮球阀的升级换代产品。

5.减压阀

减压阀的作用是降低水流压力。在中高层建筑中使用它，可以简化给水系统，减少水泵数量或减压水箱，可增加建筑的使用面积，降低投资，防止水质的二次污染。常用的有弹簧式减压阀和活塞式减压阀（也称比例式减压阀）。

减压阀选用注意事项：

（1）蒸汽减压阀的阀前与阀后压力之比不应超过5～7，超过时应串联安装2个。

（2）如阀后蒸汽压力较小，通常宜采用两级减压，以减少噪声和振动。

（3）活塞式减压阀的阀后压力不应小于100kPa，如必须减至70kPa以下时，应在活塞式减压阀后增设波纹管式减压阀或截止阀进行两次减压。

（4）当阀前与阀后的压差值为100～200kPa时，可串联安装两个截止阀进行减压。

（5）减压阀产品样本中列出的阀孔面积值，一般指其最大截面积，实际流通面积将小于此值，故按计算（或查表）得出的阀孔面积选用减压阀时，应适当留有余地。

（6）选用蒸汽或压空减压阀时，除注明其型号、规格外，还应注明阀前后压差值及安全阀的开启压力，以便厂家合理配备弹簧。

（三）水表

水表是一种计量建筑物用水量的仪表。室内给水系统中广泛采用流速式水表。流速式水表是根据管径一定时，通过水表的水流速度与流量成正比的原理来测量的。水流通过水表时推动翼轮旋转，翼轮轴传动一系列联动齿轮（减速装置），再传递到记录装置，在刻度盘指针指示下便可读到流量的累积值。

流速式水表按叶轮构造不同，分为旋翼式和螺翼式。旋翼式的翼轮转轴与水流方向垂直，水流阻力较大，多为小口径水表，宜用于测量小的流量。螺翼式的翼轮转轴与水流方向平行，阻力较小，适用于测量大流量，为大口径水表。复式水表是旋翼式和螺翼式的组合形式，在流量变化很大时采用。流速式水表按计数机件所处的状态又分为干式和湿式两种。

水表的特性参数如下：

（1）流通能力：水流通过水表产生10kPa水头损失时的流量。

（2）特性流量：水表中产生100kPa水头损失时的流量值。

（3）最大流量：只允许水表在短时间内承受的上限流量值。

（4）额定流量：水表可以长时间正常运转的上限流量值。

（5）最小流量：水表能够开始准确指示的流量值，是水表正常运转的下限值。

（6）灵敏度：水表能够开始连续指示的流量值。

确定水表类型应当考虑的因素有水温、工作压力、水量大小及其变化幅度、计量范围、管径、工作时间、单向或正逆向流动、水质等。一般管径≤ 50mm 时，应采用旋翼式水表；管径＞ 50mm 时，应采用螺翼式水表；当流量变化幅度很大时，应采用复式水表；计量热水时，宜采用热水水表；一般情况下，应优先采用湿式水表。

（四）水泵

水泵是给水工程中最主要的增压设备，一般采用离心泵。离心泵具有结构简单、体积小、效率高、运转平稳等优点，故在建筑设备工程中得到广泛应用。离心泵装置主要由泵壳、泵轴、叶轮、吸水管、压水管等部分组成。

1.离心泵的工作过程

首先从加水漏斗处向水泵内充满水，启动水泵叶轮高速转动，在离心力的作用下，叶片槽道中的水从叶轮中心被甩向泵壳，使水获得动能。由于泵壳的断面是逐渐扩大的，所以水进入泵壳后流速逐渐减小，部分动能转化为压能，因而泵出口处的水便具有较高的压力，流入压水管路。在水被甩走的同时，水泵中心及进口处形成真空，由于大气压力的作用，将吸水池中的水通过吸水管压向水泵进口，进而流入泵体。由于电动机带动叶轮连续地运转，即可不断地将水压送到各用水点或高位水箱。

2.水泵流量和扬程的确定

水泵流量和扬程的确定最关键的是，在节能的前提下，确保水量和压力满足用户的需要，并使水泵在大部分时间保持在水泵的高效区段运行。在生活、生产给水系统中，当无水箱调节时，其流量均应按设计秒流量确定；当有水箱调节时，水泵流量应按最大小时流量确定；当调节水箱容积较大且用水量均匀时，水泵流量可按平均小时流量确定。消防水泵的流量应按室内消防设计水量确定。

3.水泵机组的布置

（1）水泵机组一般设置在水泵房内，泵房要求防震、防噪声，并有良好的通风、采光、防冻和排水条件；其布置要便于起吊设备，布置间距要便于检修时拆卸和放置泵体、电机。

（2）每台水泵一般应设独立的吸水管，且应管顶平接；水泵装置宜设计成自控运行方式，消防泵应设计成自灌式，生活、生产水泵尽可能设计成自灌式。自灌式水泵的吸水管上应装设阀门。在不可能设计成自灌式时，水泵均应设置引水装置；每台水泵的出水管上应装设阀门、止回阀和压力表，并宜有防水击措施。水泵正常运行对于吸水管路的基本要求是不漏气、不积气、不吸气，但在实际管路布置及施工时往往忽视了某些局部做法，导致水泵不能完全正常运行。

（3）水泵基础应高出地面0.1～0.3m；与水泵连接的管道应力求短、直，吸水管内的流速宜控制在1.1～1.2m/s范围内，出水管内的流速宜控制在1.5～2.0m/s范围内，且应在出水管上安装闸阀和止回阀。

（4）应尽量选用低噪声水泵，水泵机组下宜安装橡胶隔振垫、橡胶隔振器、橡胶减振器、弹簧减振器等隔振减振装置，在水泵进出水管上宜安装可曲挠橡胶接头。管道支架宜采用弹性吊架，弹性托架。基础隔振、管道隔振和支架隔振三者必须配齐，其中，隔振垫的面积、层数、个数和可曲挠接头的数量必须经过计算。管道穿墙或楼板处，应有防震措施，其孔口外径与管道间宜填以玻璃纤维。隔振为主、吸音为辅是水泵隔振的原则；但在有条件和必要时，建筑上可采取隔振和吸音措施。如泵房采用双层玻璃窗，门和墙面、顶棚安装多孔吸音板等。

（五）气压给水设备

气压给水设备是利用密闭贮罐内空气的可压缩性，将其设计放置在给水系统中，进行贮存、调节、压送水量和保持水压的装置，其作用相当于高位水箱或水塔。气压给水设备一般由气压罐、水泵、空气压缩机、控制系统、管路系统等组成。

（六）贮水池

贮水池可布置在室内地下室或室外泵房附近，但必须远离化粪池、厕所、厨房等卫生环境不良的房间，且应有防污染的技术措施；消防用水与生活、生产用水合用一个贮水池时，应有保证消防贮水不被动用的措施；昼夜用水的建筑物贮水池和贮水池容积大于500m^{3}时，应分成两格，以便清洗、检修。建筑物内的生活用贮水池应采用独立结构形式，且要满足不得利用建筑物的本体结构作为水池（箱）的壁板、底板及顶盖。贮水池进出水管设计应使水池内水经常流动，无死水区；溢流管宜比进水管大一号；贮水池的设置高度应有利于水泵自吸；贮水池还应设置放空管、人孔、通气管和水位信号装置，但必须保证避免污物、飞虫、小动物进入池内，造成水质污染。

（七）吸水井

当不需要设置贮水池而室外管网又不允许直接抽水时，宜设置吸水井。吸水井的容积应大于最大一台水泵3分钟的出水量。吸水井可设在室内底层或地下室，也可设在室外地下或地上，对于生活用吸水井，应有防污染的措施。吸水井的尺寸应满足吸水管的布置、安装和水泵正常工作的要求。

（八）水箱

水箱按用途分为高位水箱、减压水箱、冲洗水箱、断流水箱等多种类型，每种又有圆形、矩形两种。水箱按材质分为钢筋混凝土、钢板、不锈钢、玻璃钢和塑料等多种材质水箱。这里主要介绍常用的高位水箱。

1.水箱的配管与附件

进水管：进水管一般由水箱侧壁接入。当水箱直接利用室外管网压力进水时，进水管出口应装设液压水位控制阀或浮球阀，进水管上还应装设检修用的阀门。当管径≥50mm时，液压水位控制阀（或浮球阀）不少于2个。从侧壁进入的进水管其中心距箱顶应有150～200mm的距离。当水箱由水泵供水，并利用水位升降自动控制水泵运行时，不应装设液压水位控制阀或浮球阀。进水管的管径可按水泵出水量或管网设计秒流量确定。

出水管：出水管可从侧壁或底部接出，出水管内底或管口应高出水箱内底50mm以上；出水管不宜与进水管在同一侧面；水箱进出水管宜分别设置；如合用一根管道，则应在出水管上装设阻力较小的旋启式止回阀，止回阀的标高应低于水箱最低水位1.0m；消防和生活合用的水箱除了确保具有消防贮备水量不作他用的技术措施外，还应尽量避免产生死水区。出水管管径应按设计秒流量确定。

溢流管：水箱溢流管可从水箱底部或侧壁接出，溢流管的进水口应高出水箱最高水位20～30mm，溢流管上不允许设置阀门，溢流管出口应设网罩，管径应比进水管大泄水管：也叫放空管，主要是为了检修、清洗水箱。泄水管应自底部接出，管上应装设闸阀，其出口可与溢水管相接，但不得与排水系统直接相连，其管径为40～50mm。

水位信号装置：该装置是反映水位控制阀失灵报警的装置。可在溢流管口下10mm设信号管，一般自水箱侧壁接出，常用管径为15～20mm，其出口接至经常有人值班的房间内的洗涤盆上。

通气管：供生活饮用贮水的水箱，当贮量较大时，宜在箱盖上设通气管，以便箱内空气流通。其管径一般≥50mm，管口应朝下并设网罩。人孔：为便于清洗、检修，箱盖上应设人孔。

2.水箱容积

水箱容积应根据水箱进出水量变化曲线确定，但此曲线资料获取很难，一般按经验估算。对于生活用水的调节水量，如水泵自动运行时，可按最高日用水量的5%～10%计算，如水泵为人工操作时，可按最高日用水量的12%计算；单设水箱的给水方式，生活用水的调节水量可按最高日用水量的50%～100%计算（最高日用水量小的建筑物）或25%～30%计算（最高日用水量大的建筑物）；生产事故备用水量应按工艺要求确定；当生活和生产调节水箱兼作消防用水贮备时，水箱的有效容积除包括生活或生产调节水量外，还应包括10分钟的室内消防设计流量（这部分水量平时不能动用）。水箱内的有效水深一般为0.70～2.50m。水箱的保护高度一般为200m。

3.水箱的设置高度

水箱底距地面宜有不小于800mm的净空高度，以便安装管道和进行检修。贮备消防水量的水箱，当满足消防设备所需压力有困难时，应采取设置增压泵等措施。

4.金属水箱的安装

用槽钢梁或钢筋混凝土支墩支承。为防止水箱底与支承的接触面腐蚀，要在它们之间垫以石棉橡胶板、橡胶板或塑料板等绝缘材料。水箱底距地面宜有不小于800mm的净空高度以便安装管道和进行检修。

第二节　建筑给水系统施工技术

一、室内给水管道的布置与敷设

给水管道的布置与敷设，除须满足自身要求外，还要充分了解该建筑物的建筑功能和结构情况，做好与建筑、结构、暖通及电气等专业的配合，避免管线的交叉、碰撞，以便于工程施工和今后的维修管理。

（一）室内给水管道的布置

1.给水管道的布置原则

（1）满足良好的水力条件，确保供水的可靠性，力求经济合理。要求干管应尽可能靠近大用水户，管道的布置应力求短而直，尽可能与墙、梁、柱、桁架平行。

（2）保证建筑物的使用功能和生产安全。要求管道布置不能妨碍生产安全，管道不得穿过配电间，不得布置在遇水易燃、爆、损的设备和原材料上方。

（3）保证给水管道的正常使用。

（4）便于管道的安装与维修。

2.给水管道的布置形式

给水管道的布置按供水可靠程度要求可分为枝状和环状两种形式。前者单向供水，供水安全可靠性差，但节省管材，造价低；后者管道相互连通，双向供水，安全可靠，但管线长，造价高。一般建筑内给水管网宜采用枝状布置，高层建筑采用环状布置。按水平干管的敷设位置又可分为上行下给、下行上给和中分式三种形式。干管设在顶层天花板下、吊顶内或技术夹层中，由上向下供水的为上行下给式，适用于设置高位水箱的居住于公共建筑和地下管线较多的工业厂房；干管埋地、设在底层或地下室中，由下向上供水的为下行上给式，适用于利用室外给水管网水压直接供水的工业与民用建筑；水平干管设在中间技术层内或中间某层吊顶内，由中间向上、下两个方向供水的为中分式，适用于屋顶用作露天茶座、舞厅或设有中间技术层的高层建筑。同一幢建筑的给水管网也可同时兼有以上两种形式。

（二）给水管道的敷设

1.敷设形式

给水管道的敷设有明装、暗装两种形式。明装即管道外露，其优点是安装维修方便，造价低；但外露的管道影响美观，表面易结露、积尘。明装一般用于对卫生、美观没有特殊要求的建筑。暗装即管道隐蔽，如敷设在管道井、技术层、管沟、墙槽、顶棚或夹壁墙中，直接埋地或埋在楼板的垫层里。其优点是管道不影响室内的美观、整洁，但施工复杂、维修困难、造价高，适用于对卫生、美观要求较高的建筑，如宾馆、高级公寓和要求无尘、洁净的车间、实验室、无菌室等。

2.敷设要求

（1）引入管宜从建筑物用水量最大处引入，如为建筑采暖地区可考虑从采暖地沟引入。否则引入管进入建筑内有两种情况：一种是从建筑物的浅基础下通过；另一种是穿越承重墙或基础，预留洞口应大于引入管直径200mm。在地下水位高的地区，引入管穿地下室外墙或基础时，应采取防水措施，如设防水套管等。

室外埋地引入管要防止地面活荷载和冰冻的影响，其管顶覆土厚度不宜小于0.7m，并应敷设在冰冻线以下0.2m处，建筑内埋地管在无活荷载和冰冻影响时，其管顶离地面高度不宜小于0.3m。引入管与其他进出建筑物的管线应保持一定的水平距离。

（2）给水横管穿承重墙或基础、立管穿楼板时均应预留孔洞。安装管道在墙中敷设时，也应预留墙槽，以免临时打洞、刨槽，影响建筑结构强度。横管穿过预留洞时，管顶上部净空不得小于建筑物的沉降量，以保护管道不致因建筑沉降而损坏，其净空一般不小于0.15m。横管宜有0.002～0.005的坡度坡向泄水装置；给水管道与其他管道同沟或共架敷设时，宜敷设在排水管、冷冻管的上面或热水管、蒸汽管下面。管道在空间敷设时，必须采取固定措施，以确保施工方便与安全供水。明装的复合管管道、塑料管管道也需安装相应的固定卡架，塑料管道的卡架相对密集一些。各种不同的管道有不同的要求，使用时，请按生产厂家的施工规程进行安装。

（三）给水管道防护

1.防腐蚀

金属管道都要进行防腐蚀处理，以延长管道的使用寿命。常见的防腐做法是管道除锈后，在外壁涂刷防腐涂料。明装的非镀锌钢管、铸铁管除锈后，外刷防锈漆两遍、银粉漆两遍；镀锌钢管外刷银粉漆两遍；暗装和埋地金属管外刷冷底子油一遍、沥青漆两遍。对防腐要求高的金属管做沥青防腐层处理。

2.防冻害

管道中充满了水，当明装或部分暗装的管道处在0℃以下的环境中时，由于水结冰膨胀，极易冻裂管道，为保证使用安全，应当采取保温措施。一般的做法是在做好防腐处理后，再包扎岩棉、玻璃棉、矿渣棉、珍珠岩、石棉和水泥蛭石等一定厚度的保温材料做保温层，外面再做防潮层和保护层。

3.防结露

在夏季，当空气中的湿度较大或在空气湿度较大的房间内，空气中的水分会在温度较低的管道上凝结成水，附着在管道表面，严重时会产生滴水，造成管道腐蚀、墙地面潮湿等危害。因此，在这种场所就应当采取防腐措施（具体做法与保温做法相同）。

4.防噪声

给水系统中的管道、设备在使用过程中经常会产生噪声，尤其是高频噪声除产生噪声污染外，还会造成管道、设备的损坏。如关闭水龙头、停泵出现的水击现象等，都会引起管道、附件的振动而产生漏水、噪声。为防止管道的损坏和噪声的污染，在设计时应控制管道的水流速度在一定范围内，尽量减少使用电磁阀或速闭型阀门、龙头。住宅建筑进户支管阀门后，应装设一个家用可曲挠橡胶接头进行隔振，并可在管道支架、吊架内衬垫减振材料，以减小噪声的扩散。

二、建筑给水系统管道的施工安装

建筑内部给水排水管道及卫生器具的施工一般在土建主体工程完成、内外墙装饰前进行。为了保证施工质量，加快施工进度，施工前应熟悉和会审施工图纸及制订各种施工计划。要密切配合土建部门，做好预留各种孔洞、支架预埋、管道预埋等施工准备工作。

（一）施工准备与配合土建施工

1.施工准备

建筑给排水管道工程施工的主要依据是施工图纸及全国通用给排水标准图，在施工中还必须严格执行现行国家标准《建筑给水排水及采暖工程施工质量验收规范》（GB 50242-2002）的操作规程和质量标准。施工前必须熟悉施工图纸，由设计人员向施工技术人员进行技术交底，说明设计意图、设计内容和对施工质量的要求等。应使施工人员了解建筑结构及特点、生产工艺流程、生产工艺对给排水工程的要求，管道及设备布置要求，以及有关加工件和特殊材料等。

设计图纸包括给排水管道平面图、剖面图、给排水系统图、施工详图及节点大样图等。在熟悉图纸的过程中，必须弄清室内给排水管道与室外给排水管道连接情况，包括室外给排水管道走向、给水引入管和排水排出管的具体位置、相互关系、管道连接标高，水表井、阀门井和检查井等的具体位置，以及管道穿越建筑物基础的具体做法；弄清室内给排水管道的布置，包括管道的走向、管径、标高、坡度、位置及管道与卫生器具或生产设备的连接方式；搞清室内给排水管道所用管材、配件、支架的材料和形式，卫生器具、消防设备、加热设备、供水设备、局部污水处理设施的型号、规格、数量和施工要求；还要搞清建筑的结构、楼层标高、管井、门窗洞槽的位置等。施工前，要根据工程特点、材料设备到货情况、劳动机具和技术状况，制定切实可行的施工组织设计，用以指导施工。

施工班组根据施工组织设计的要求，做好材料、机具以及现场临时设施及技术上的准备，必要时到现场根据施工图纸进行实地测绘，画出管道预制加工草图。管道预制加工草图一般采用轴测图形式，在图上要详细标注管道中心线间距、各管配件间的距离、管径、标高、阀门位置、设备接口位置、连接方法，同时画出墙、柱、梁等的位置。根据管道加工草图可以在管道预制场或施工现场进行预制加工。

2.配合土建施工

建筑给排水管道施工与土建关系非常密切，尤其是高层建筑给排水管道的施工，配合土建施工更为重要。为了保证整个工程的质量，加快施工进度，减少安装工程打洞及土建单位补洞工作量，防止破坏建筑结构，确保建筑物安全，在土建施工过程中，宜密切配合土建施工进行预埋支架或预留孔洞，减少现场穿孔打洞工作。

（1）现场预埋的优点是可以减少留洞、留槽或打洞的工作量，但对施工技术要求较高，施工时必须弄清楚建筑物各部尺寸，预埋要准确。适合于建筑物地下管道、各种现浇钢筋混凝土水池或水箱等的管道施工。

（2）现场预留的优点是避免了土建与安装施工的交叉作业以及安装工程面狭窄所造成的窝工现象。它是建筑给排水管道工程施工中常用的一种方法。为了保证预留孔洞的正确，在土建施工开始时，安装单位应派专人根据设计图纸的要求，配合土建预留孔洞，土建在砌筑基础时，可以按设计图纸给出的尺寸预留孔洞。土建浇筑楼板之前，较大孔洞的预留应用模板围出；较小孔洞一般用短圆木或竹筒牢牢固定在楼板上；预埋的铁件可用电焊固定在图纸所设计的位置。无论采用何种方式预留预埋，均须固定牢靠，以防浇捣混凝土时移动错位，确保孔洞大小和平面位置的正确。立管穿楼板预留孔洞尺寸可按有关规定进行预留。给水排水立管距墙的距离可根据卫生器具样本以及管道施工规范确定。

（3）现场打洞法：这种施工方法的优点是方便管道工程的全面施工，避免了与土建施工交叉作业，通过运用先进的打洞机具，如冲击电钻（电锤），使得打洞工作既快又准确。它是一般建筑给排水管道施工的常用方法。施工现场是采取管道预埋、孔洞预留还是现场打洞方法，一般根据建筑结构要求、土建施工进度和工期、安装机具配置、施工技术水平等确定。施工时，可视具体情况，决定采用哪种方式。

（二）建筑给水系统管道安装

建筑给水管道所用的管材、配件、阀门等应根据施工图的设计选用。建筑给水管道安装顺序：引入管→干管→立管→支管→水压试验合格→卫生器具或用水设备或配水器具→竣工验收。

1.引入管的安装

建筑物的引入管一般只设一条管，布置的原则是引入管应靠近用水量最大或不允许间断供水的地方，这样可以使大口径管道最短，供水比较可靠；当用水点分布比较均匀时，可从建筑物的中部引入，这样可使水压平衡。当建筑物内用水设备不允许间断供水或消火栓设置总数在10个以上时，可设置两条引入管，一般应从室外管网的不同侧引入。

引入管安装时，应尽量与建筑物外墙轴线相垂直，这样穿过基础或外墙的管段最短。引入管的安装，大多为埋地敷设，埋设深度应满足设计要求，如设计无要求，须根据当地土壤冰冻深度及地面载荷情况，参照室外给水接管点的埋深而定。引入管穿过承重墙或基础时，必须注意对管道的保护，防止基础下沉而破坏管子。引入管安装宜采取管道预埋或预留孔洞的方法。引入管敷设在预留孔洞内或直接进行引入管预埋，均要保证管顶距孔洞壁距离不小于150mm。预留孔与管道间空隙用黏土填实，两端用水泥砂浆封口。引入管上设有阀门或水表时，应与引入管同时安装，并做好防护设施，防止损坏。引入管敷设时，为便于维修时将室内系统中的水放空，其坡度应不小于0.003，坡向室外。当有两条引入管在同一处引入时，管道之间净距应不小于0.1m，以便安装和维修。

2.建筑内部给水管道的安装

建筑内部给水管道的安装方法有直接施工和预制化施工两种。直接施工是在已建建筑物中直接实测管道、设备安装尺寸，按部就班进行施工的方法。这种施工方法较落后，施工进度较慢。但由于土建结构尺寸不甚严密，安装时宜在现场根据不同部位实际尺寸测量下料，建筑物主体工程用砌筑法施工时常采用这种方法。预制化施工是在现场安装之前，按建筑内部给水系统的施工安装图和土建有关尺寸预先下料、加工、部件组合的施工方法。这种方法要求土建结构施工尺寸准确，预留孔洞及预埋套管、铁件的尺寸和位置无误（为此现在常采用机械钻孔而不必留孔）。这种方法还要求施工安装人员下料、加工技术水平高，准备工作充分。这种方法可提高施工的机械化程度，加快现场安装速度，保证施工质量，降低施工成本，是一种比较先进的施工法。随着建筑物主体工程采用预制化、装配化施工以及整体式卫生间等的推广使用，给排水系统实行预制化施工会越来越普遍。

这两种施工方法都需进行测线，只不过前者是现场测线，后者是按图测线。给水设计图只给出了管道和卫生器具的大致平面位置，所以测线时必须有一定的施工经验，除了熟悉图纸外，还必须了解给水工程的施工及验收规范、有关操作规程等，才能使下料尺寸准确，安装后符合质量标准的要求。

测线计量尺寸时经常要涉及下列3个尺寸概念：

（1）构造长度：管道系统中两零件或设备中心线之间（轴）的长度。如两立管之间的中心距离，管段零件与零件之间的距离等。

（2）安装长度：零件或设备之间管子的有效长度。安装长度等于构造长度减去管子零件或接头装配后占去的长度。

（3）预制加工长度：管子所需实际下料尺寸。对于直管段，其加工长度就等于安装长度。对于有弯曲的管段，其加工长度不等于安装长度，下料时要考虑煨弯的加工要求来确定其加工长度。法兰连接时确定加工长度应注意扣去垫片的厚度。安装管子主要解决切断与连接、调直与弯曲两对矛盾。将管子按加工长度下料，通过加工连接成符合构造长度要求的管路系统。

测线计量尺寸首先要选择基准，基准选择正确，配管才能准确。建筑内部给排水管道安装所用的基准为水平线、水平面和垂直线、垂直面。水平面的高度除可借助土建结构，如地坪标高、窗台标高外，还须用钢卷尺和水平尺，要求精度高时用水准仪测定。角度测量可用直角尺，要求精度高时用经纬仪。确定垂直线一般用细线（绳）或尼龙丝及重锤吊线，放水平线时用细白线（绳）拉直即可。安装时应弄清管道、卫生器具或设备与建筑物的墙、地面的距离以及竣工后的地坪标高等，保证竣工时这些尺寸全面符合质量要求。如墙面未抹灰就安装管道时，则应留出抹灰厚度。

通过实测确定了管道的构造长度，可以用计算法和比量法确定安装长度。根据管配件、阀门的外形尺寸和装入管配件、阀门内螺纹长度，计算出管段的安装长度，此为计算法。比量下料法是在施工现场按照测得的管道构造长度，用实物管配件或阀门比量的方法直接决定管子的加工长度，在管上做好记号，然后进行下料。

3.室内给水管道的安装

室内给水管道，根据建筑物的结构形式、使用性质和管道工作情况，可分为明装和暗装两种安装形式。明装管道在安装形式上，又可分为给水干管、立管及支管均为明装，以及给水干管、立管及支管部分明装两种。安装管道就是给水管道在建筑物内部隐蔽敷设。在安装形式上，常将暗装管道分为全部管道暗装和供水干管、立管及支管部分暗装两种。

（1）给水干管安装：明装管道的给水干管安装位置，一般在建筑物的地下室顶板下或建筑物的顶层顶棚下。给水干管安装之前应将管道支架安装好。管道支架必须装设在规定的标高上，一排支架的高度、形式、离墙距离应一致。为减少高空作业，管径较大的架空敷设管道，应在地面上进行组装，将分支管上的三通、四通、弯头、阀门等装配好，经检查尺寸无误，方可进行吊装。吊装时，吊点分布要合理，尽量不使管子过分弯曲。在吊装中，要注意操作安全。各段管子起吊安装在支架上后，立即用螺栓固定好，以防坠落。架空敷设的给水管，应尽量沿墙、柱子敷设，大管径管子装在里面，小管径管子装在外面，同时管道应避免对门窗的开闭产生影响。干管与墙、柱、梁、设备以及另一条干管之间应留有便于安装和维修的距离，通常管道外壁距墙面不小于100mm，管道与梁、柱及设备之间的距离可减少到50mm。暗装管道的干管–管径DN＞100mm时，每10m为10mm般设在设备层、地沟或建筑物的顶棚里，或直接敷设于地面下。当敷设在顶棚里时，应考虑冬季的防冻、保温措施；当敷设在地沟内时，不允许直接敷设在沟底，应敷设在支架上；直接埋地的金属管道，应进行防腐处理；管道穿越结构伸缩缝、抗震缝及沉降缝敷设时，应根据情况采取保护措施。

（2）给水立管安装之前，应根据设计图纸弄清各分支管之间的距离、标高、管径和方向，应十分注意安装支管的预留口位置，确保支管方向坡度的准确性。明装管道立管一般设在房间的墙角或沿墙、梁、柱敷设。立管外壁至墙面净距：当管径DN≤32mm时，应为25～35mm；当管径DN＞32mm时，应为30～50mm。明装立管应垂直，其偏差每米不得超过2 mm；高度超过5m时，总偏差不得超过8mm。

给水立管管卡安装，层高小于或等于5m，每层须安装1个；层高大于5m，每层不得少于2个。管卡安装高度，距地面为1.5～1.8m，2个以上管卡可均匀安装。立管穿楼板应加钢制套管，套管直径应大于立管1～2号，套管可采取预留或现场打洞安装。安装时，套管底部与楼板底部平齐，套管顶部应高出楼板地面10～20mm，立管的接口不允许设在套管内，以免维修困难。如果给水立管出地坪设阀门时，阀门应设在地坪0.5m以上，并应安装可拆卸的连接件（如活接头或法兰），以便于操作和维修。

暗装管道的立管，一般设在管道井内或管槽内，采用型钢支架或管卡固定，以防松动。设在管槽内的立管安装一定要在墙壁抹灰前完成，并应做水压试验，检查其严密性。各种阀门及管道活接件不得埋入墙内，设在管槽内的阀门，应设便于操作和维修的检查门。

（3）横支管安装：横支管的管径较小，一般可集中预制、现场安装。明装横支管，一般沿墙敷设，并设0.002～0.005的坡度坡向泄水装置。横支管安装时，要注意管子的平直度，明装横支管绕过梁、柱时，各平行管上的弧形弯曲部分应平行。水平横管不应有明显的弯曲现象，其弯曲的允许偏差为：管径DN≤100mm，每10m为5mm；管径DN＞100mm时，每10m为10mm。冷、热水管上下平行安装，热水管应在冷水管上面；垂直并行安装时，热水管应装在冷水管左侧，其管中心距为80mm。在卫生器具上安装冷、热水龙头时，热水龙头应装在左侧，冷水龙头应装在右侧。横支管一般采用管卡固定，固定点一般设在配水点附近及管道转弯附近。

暗装的横支管敷设在预留或现场剔凿的墙槽内，应按卫生器具接口的位置预留好管口，并应加临时管堵。

（4）室内PP-R管安装：PP-R管道安装连接方式有热熔连接、电熔连接、丝扣连接与法兰连接。这里仅介绍热熔连接和丝扣连接。

热熔连接：热熔连接工具为熔接器，步骤如下：

①用卡尺与笔在管端测量并标绘出热熔深度。

②管材与管件连接端面必须无损伤、清洁、干燥、无油。

③热熔工具接通普通单相电源加热，升温时间约6min，焊接温度自动控制在约260℃，连续施工直至工作温度指示灯亮后方能开始操作。

④做好熔焊深度及方向记号，在焊头上把整个熔焊深度加热，包括管道和接头。无旋转地把管端导入加热套内，插入所标志的深度，同时无旋转地把管件推到加热头上，达到规定标志处。

⑤达到加热时间后，立即把管材与管件从加热套与加热头上同时取下，迅速无旋转地直线均匀插入所标深度，使接头处形成均匀凸缘。

⑥工作时应避免焊头和加热板烫伤，或烫坏其他财物，保持焊头清洁，保证焊接质量。

（三）给水系统水压试验

建筑内部给水系统，一般要进行水压试验。试压的目的，一是检查管道及接口强度，二是检查接口的严密性。建筑内部暗装、埋地给水管道应在隐蔽或填土之前做水压试验。

1.水压试验前的准备工作

（1）水压试验设备按所需动力装置分为手摇式试压泵与电动式试压泵两种。给水系统较小或局部给水管道试压，通常选择手摇式试压泵；给水系统较大，通常选择电动式试压泵。水压试验采用的压力表必须校验准确，阀门要启闭灵活，严密性好，保证有可靠的水源。试验前，应对给水系统上各放水处（连接水龙头、卫生器具上的配水点）采取临时封堵措施，系统上的进户管上的阀门应关闭，各立管、支管上阀门打开。在系统上的最高点装设排气阀，以便试压充水时排气。排气阀有自动排气阀、手动排气阀两种类型。在系统的最低点设泄水阀，当试验结束后，便于泄空系统中的水。给水管道试压前，管道接口不得做油漆和保温施工，以便进行外观检查。

（2）水压试验压力：建筑内部给水管道系统水压试验压力如设计无规定，按以下规定执行。给水管道试验压力不应小于0.6MPa；生活饮用水和生产、消防合用的管道，试验压力应为工作压力的1.5倍，但不得超过1.0MPa。对使用消防水泵的给水系统，以消防泵的最大工作压力作为试验压力。

金属及复合管给水管道系统，在试验压力下观测10min内压力降不大于0.02MPa，然后降至工作压力进行检查，应不渗不漏。塑料管给水系统，应在试验压力下稳压1h，压力降不得超过0.05MPa，然后在工作压力的1.15倍状态下稳压2h，压力降不得超过0.03MPa，同时检查各连接处，不得渗漏。

2.水压试验的方法及步骤

对于多层建筑给水系统，一般按全系统只进行一次试验；对于高层建筑给水系统，一般分区、分系统进行水压试验。水压试验应有施工单位质量检查人员或技术人员、建设单位现场代表及有关人员到场，做好对水压试验的详细记录。各方面负责人签章，并作为技术资料存档。

水压试验的步骤如下（金属及复合管）：

（1）将水压试验装置进水管接在市政水管、水箱或临时水池上，出水管接在给水系统上。试压泵、阀门等附件宜用活接头或法兰连接，便于拆卸。

（2）将阀门关闭，打开室内给水系统最高点排气阀，试压泵前后的压力表阀也要打开。当排气阀向外冒水时，立即关闭，然后关闭旁通阀。

（3）开启试压泵的进出水阀，启动试压泵，向给水系统加压。加压泵加压应分阶段使压力升高，每达到一个分压阶段，应停止加压，对管道进行检查；无问题时才能继续加压，一般应分2或3次使压力升至试验压力。

（4）当压力升至试验压力时，停止加压，观测10min，压力降不大于0.02MPa；然后将试验压力降至工作压力，管道、附件等处未发现漏水现象为合格。

（5）试压过程中，发现接口渗漏、管道砂眼、阀门等附件漏水等问题，应做好标记，待系统水放空，进行维修后继续试压，直至合格。

（6）试压合格后，应将进水管与试压装置断开。开启放水阀，将系统中试验用水放空，并拆除试压装置。

（四）冲洗与消毒试验

水压试验合格后，应对系统进行冲洗以清除管道内的铁屑、铁锈、焊渣、尘土及其他污物。冲洗一般使用清洁水，如管道分支较多可分段冲洗。在冲洗管段的最底部设排污口，排污口的截面积不应小于被冲洗管截面积的60%，排水管应接入可靠的排水井或沟中。冲洗时，以系统内可能达到的最大流量或不小于1m/s的流速进行。

冲洗消毒的合格标准如下：

（1）当设计无规定时，以出口的水色和透明度与入口处目测一致为合格。

（2）管道第一次冲洗应用清洁水冲洗至出水口水样浊度小于3NTU（浊度：1L水中含1mgSiO_2）。

（3）管道第二次冲洗应在第一次冲洗后，用有效氯离子含量不低于20mg/L的清洁水（消毒常用的药剂有漂白粉、漂白精和液氯）浸泡24h后，再用清洁水进行第二次冲洗，直至水质检测管理部门取样化验合格为止。

三、阀门附件及给水设备安装

（一）安装准备及注意事项

（1）一般阀门安装前检查：型号、规格应符合设计要求，并有合格证；启闭灵活，阀杆无歪斜；对安装于主干管上的阀门，应逐个做强度和严密性试验，强度和严密性试验压力为阀门出厂规定的压力；非主干管上阀门应每批（同牌号、同规格、同型号）抽查总数的10%，且不少于一个，做耐压强度试验，如有漏、裂不合格的应再抽查20%，仍有不合格的则须逐个试验。

（2）阀门搬运时，不得随手抛掷。吊装时，严禁绳索拴在手轮或阀杆上。现场保管时，应按型号、规格整齐排列，不得叠压。阀瓣应处于关闭状态，两端敞口应用塑料板或纸板封堵。

（3）明杆阀门不宜埋地安装。水平管上安装阀门的阀杆应向上或水平安装。立管安装阀门的阀杆朝向和高度应便于巡视、操作和维修。成排阀门安装，阀杆应成一直线，允许偏差±3mm。分汽缸、集水罐等处安装的成排阀门，以缸（罐）体上法兰为准。

（二）阀门安装

1.应注意介质流向

截止阀、升降式止回阀、蝶阀，以阀体箭头所示流向为准；瓣式止回阀在阀瓣旋转轴一端为介质流入口；闸阀、旋塞、球阀等无流向规定。

2.螺纹连接的阀门

要求管道螺纹为锥形螺纹，且螺纹有效长度稍短；螺纹填料应符合介质性能要求；并在阀门出口后安装活接头，阀门安装时，应用扳手卡住六角体旋转，不可用管子钳。

3.法兰连接的阀门

相配的法兰类别、规格应与阀门符合；螺栓规格与法兰类别、规格相符；螺栓六角必须均在相配法兰一侧，螺母在阀门法兰一侧；法兰垫片符合介质性能和压力等级要求；紧固螺栓时，必须十字交叉、对称、均匀地分2或3次拧紧螺母（保证组对法兰的密封面平行和同心；对于铸铁等质脆材料，必须避免强力连接和各螺栓受力不均引起的损坏）。

4.带操作机构和传动装置的阀门

应在阀门安装好后，再安装操作机构和传动装置，并应进行运行调整，使动作灵活，指示正确。

5.减压阀安装

应根据设计规定以立式或水平安装。安装应符合如下要求：安装位置，设计无明确规定时，应设置在振动较小、便于操作和检修的地方；减压阀应垂直安装于水平管道上，不得倾斜，并与介质流向一致；介质为蒸汽时，减压阀前泄水短路应接疏水装置排放凝结水；减压阀安装高度，沿墙设置的离地面1.2m。若需安装在高处时，应设置永久性操作平台；减压阀介质流入入口前一般均应加装过滤器，以防堵塞失灵。

6.安全阀安装

安全阀应安装在设计规定的管道或设备上。安装应符合如下要求：安全阀应设置在振动较小，便于检修的地方；安全阀应垂直安装，不得倾斜；与安全阀连接的管道应畅通，进、出口管道的公称管径应不小于安全阀连接口的公称直径。安全阀排出管，介质为蒸汽时，应向上排至室外，离地面2.5m以上；介质为液体时，应向下排放至排水沟或冷却池；安全阀向上排出管内积水时，应在排出管底部将泄水管排至排水沟。安全阀排出管和泄水管上不得安装阀门。

7.安全阀调试定压要求

安全阀的开启压力、回座压力应由当地有关机构调试定压，并出具调试合格证后方可安装。若须现场调试，开启压力、回座压力按设计规定或有关安全技术监察规程执行。调压时，压力应稳定，启闭试验不少于三次，经当地有关机构检验认可后，重新铅封，并及时填写安全阀调整试验记录。安全阀未调试合格或未经有关部门认可的，不得投入运行。

8.调压孔板径和安装位置

应按设计规定执行，孔板应平放贴在凹面法兰的内凹平面内，也可安装在活接头中、水嘴和消火栓前，孔板按流向要求，孔板和法兰或其他密封面均应清洗干净，无污垢、结疤等影响密封面。

（三）不锈钢水箱安装

1.水箱的运输

由于单块水箱板的规格为1000mm × 1000mm、1000mm × 500mm、500mm × 500mm，1000mm × 1000mm的单块水箱板重量为20 ~ 25kg，故考虑组合装配式水箱运输采用单块运输、集中组装的方式，利用人工和特制车辆将单块水箱板从汽车坡道、施工电梯运至每个水箱间，运输途中考虑进行必要的成品保护措施。

2.水箱基础

设备全部选定型后，进行设备基础的设计和施工，用地脚螺栓把钢架固定在基础上，螺栓直径及个数根据抗震要求来计算，尽量采用埋入式。

3.装配式水箱的安装

可按照厂家提供的水箱装配图进行安装施工，步骤如下：

（1）钢架放在基础上，用地脚螺栓固定。

（2）组装底面板，然后放在钢架上，用装配零件固定在钢架上。

（3）组装侧面板，安装内部加强件，组装顶部面板。

4.水箱周围管道的安装

水箱和水管的连接处采用挠性接头，泄水管应安装在水箱底部，溢出管不应直接与排放管连接（中间应有间隔），浮球阀等阀门附件为了检修方便应集中安装在检修工作口附近。在水箱的内外侧应安装不锈钢梯子，人孔尺寸不小于600mm × 600mm，水箱外部应安装液位计，具有水位标尺及液位传输功能。

5.水箱满水试验

敞口水池（箱）安装完毕后应做满水试验，静置24h观察，不渗不漏为合格。在满水试验准备完成后报总包及监理工程师验收。为保证满水试验的有效性要做好影像记录及监理工程师过程监察。生活饮用水系统在试压和冲洗合格后、交付使用前必须进行消毒，并经有关部门取样检验，符合国家《生活饮用水标准检验方法 放射性指标》（GB/T 5750.13–2006）后方可使用。水箱在试压合格后，宜采用0.03%高锰酸钾消毒液灌满进行消毒。消毒液在管道中应静置24h，排空后，再用饮用水冲洗，饮用水的水质应达到现行的国家标准。

四、管道支架的制作安装

支架又称管路支撑件，管道标高、坡度的保持依赖于支架的合理设置。根据支架对管道的制约不同，可分为普通支架、防晃支架、固定支架、抗震支架等；根据支架的结构形式可分为托架、吊架和管卡。

（一）支架的形式

1.固定支架

指与管道相互之间不能产生相对位移，将管道固定在确定的位置上，管道只能在两个固定支架之间胀缩，以保证各分支管路位置一定的支架。建筑机电安装工程常用的支架有以下四种：

（1）5号角钢和10号圆钢组成的管卡，适用于DN15～DN150的管道。

（2）5号槽钢和10号圆钢组成的管卡，适用于DN100～DN700的管道。

（3）梁上安装的角钢支架适用于DN25～DN400的管道。

（4）角钢支架在梁上安装、角钢管卡在屋面上安装、角钢管卡落地安装。

2.防晃支架、普通支架

防晃支架与管并不完全固定，管是可以轴向移动的。例如：在通风空调工程中，防晃支架的吊杆一般采用的是角钢或槽钢，吊架紧靠风管表面，横担的尺寸短一些。普通支架的吊杆一般是用通丝吊杆，吊杆与风管表面一般应该有50～150mm的间距，横担长一些。

3.抗震支架

管道抗震支吊架不应限制管线热胀冷缩产生的位移，组成抗震支吊架的所有构件应采用成品构件，连接紧固件的构造应便于安装，它由锚固件、加固吊杆、抗震连接构件及抗震斜撑组成。

4.综合管道支架、弹性支吊架

目前，支架的标准化、商品化生产已逐步推广，各专业安装管线优化设计后集中布置，多条管线共用支架，综合支架设计应用也越来越普遍。管道支架安装完成后应刷油漆防腐。

（二）支架的制作

在实际施工中，抗震支架、综合支架一般采用成品，普通支架、固定支架一般是现场制作的。在制作支架时应注意：管道支架的形式、材质、加工尺寸、精度及焊接等应符合支架标准图集的要求；下料时应采用机械切割，如用气割，则应清除氧化物；支架的孔眼应采用电钻加工，其孔径应比管卡或吊杆直径大1～2mm，不得以气割开孔；支架应进行除锈、防腐处理，焊接变形的应予以矫正。

（三）支架的安装

1.支架安装的一般要求

固定支架、抗震支架按设计要求安装。普通支架安装前，应按图纸的标高、坡度测量放线。按两点一线的原理，管道测量放线时，测量控制点为管道的起点、终点和转折点；支架的位置根据墙不作架、托稳转角、中间等分，不超最大的原则（管道施工验收规范规定的最大间距）来确定。抗震支吊架应和结构主体可靠连接，当管道穿越建筑沉降缝时应考虑不均匀沉降，其设置和设计应满足相关规范规定。

土建有预埋钢板或预留支架孔洞的，应检查预留孔洞或预埋件的标高及位置是否符合要求，同时要检查预埋板的牢固性、平整度，清除预埋钢板上的砂浆或油漆。滑动支架的滑托与滑槽两侧间应留有3～5mm的间隙，并留有一定的偏移量；铸铁或大口径钢管上的阀门应设有专用的阀门支架，不得以管道承重。

2.支架的安装方法

（1）栽埋法：墙上有预留孔洞的，可将支架横梁埋入墙内，埋设前应清除洞内的碎砖及灰尘，并用水将洞浇湿，填塞用M5（1：6）水泥砂浆，插栽支架角钢（注意应将支架末端劈成燕尾状），用碎石捣实挤牢。支架墙洞要填得密实饱满、砂浆不外流，墙洞口要凹进3～5mm，当砌体未达到设计强度的75%时，不得安装管道。

（2）焊接法：在预制或现浇钢筋混凝土时，在各支架的位置处预埋钢板后，将支架横梁焊接在预埋的钢板上。

（3）膨胀螺栓法和射钉法：用射钉或膨胀螺栓紧固支架，具体做法：根据支架在墙、柱上的安装位置，用电钻钻孔或用射钉枪射入射钉，钻孔深度与膨胀螺栓相等，孔径与膨胀螺栓套管外径相等，射钉直径为8～12mm；在清除孔洞内碎屑后，装入套管或膨胀螺栓，将支架横梁安装在螺栓上，拧紧螺母使螺栓锥形尾部胀开。

第二章　建筑室内排水系统与施工技术

第一节　建筑室内排水系统

一、建筑室内排水系统的分类、体制和组成

（一）室内排水系统的分类

按系统排出的污、废水种类的不同，可将建筑内排水系统分为以下六类。

1.粪便污水排水系统

排除大便器（槽）、小便器以及与此相似的卫生设备排出的污水。

2.生活废水排水系统

排除洗涤盆（池）、淋浴设备、洗脸盆、化验盆等卫生器具排出的洗涤废水。

3.生活污水排水系统

排除粪便污水和生活污水的排水系统。

4.生产污水排水系统

排除生产过程中污染较重的工业废水的排水系统。生产污水经过处理后才允许回收利用或排放，如含酚污水、含氰污水及酸、碱污水等。

5.生产废水排水系统

排除生产过程中只有轻度污染或水温较高，只需要经过简单处理即可循环或重复使用的较洁净的工业废水的排水系统。如冷却废水、洗涤废水等。

6.屋面雨水排水系统

排除降落在屋面的雨、雪水的排水系统。

（二）排水体制

建筑内部排水体制也分为分流制和合流制两种，分别称为建筑内部分流排水和建筑内部合流排水。建筑内部分流排水，是指居住建筑和公共建筑中的粪便污水和生活废水；工业建筑中的生产污水和生产废水各自由单独的排水管道系统排出。建筑内部合流排水，是指建筑中两种以上的污水、废水合用一套排水管道系统排除。建筑内部排水体制确定时，应根据污水性质、污染程度、结合建筑外部排水系统体制、有利于综合利用、污水的处理和中水开发、经济合理性等方面的因素考虑决定。

建筑物宜设置独立的屋面雨水排水系统，迅速、及时地将雨水排至室外雨水管渠或地面。在缺水或严重缺水地区宜设置雨水贮存池。

（三）建筑内部排水系统的组成

建筑内部排水系统设计的质量不仅体现在能否迅速安全地将污水、废水排到室外，而且还在于能否减小管道内的压力波动，使其尽量稳定，从而防止系统中接存水弯的水封被破坏而使室外排水管道中的有毒或有害气体进入室内。因此，在进行建筑排水系统的设计时，应明确建筑内部排水系统的组成，从而保证设计质量。

1.污废水收集器

它是建筑内部排水系统的起点，污水、废水从器具排水栓经器具内的水封装置或器具排水管连接的存水弯排入排水管道。

2.排水管道

由器具排水管（连接卫生器具和横支管之间的一段短管，除坐式大便器、地漏外，其间包括存水弯）、有一定坡度的横支管、立管、横杆管和排出到室外的排出管等组成。

3.通气管

绝大多数排水管道系统内部排水的流动是重力流，即管道系统中的污水、废水是依靠重力的作用排出室外的。因此，排水管道系统必须和大气相通，从而保证管道系统内气压恒定，维持重力流状态。

4.清通设备

指检查口、清扫口、检查井以及带有清通盖板的90°弯头或三通等设备作为疏通排水管道之用。

5.抽升设备

民用建筑中的地下室、人防建筑物、高层建筑的地下层、某些工业企业车间地下室或半地下室、地下铁道等地下建筑物内的污水、废水不能自流排至室外时，必须设置污水抽升设备。

6.污水局部处理构筑物

当建筑内部污水未经处理不能排入其他管道或市政排水管网和水体时，须设污水局部处理构筑物。

二、常用卫生器具

卫生器具主要分布在卫生间、盥洗间、厨房和阳台等场所，主要有便溺用卫生器具、盥洗用洁具和洗涤用卫生器具等。

（一）便溺用卫生器具

便溺用卫生器具包括大便器、大便槽、小便器和小便槽等。

1.坐便器

坐便器又称为马桶，本身带有存水弯，一般用于住宅、宾馆等卫生间内。坐便器按冲洗原理及构造可分为冲洗式、虹吸式、喷射虹吸式和旋涡虹吸式。冲洗水箱与坐便器可以分体，也可以连体，最常用的是连体式坐便器，其材质一般为陶瓷。

2.蹲式大便器

蹲式大便器的卫生条件比坐式大便器要好，一般用于机关、学校、工厂等公共场所的卫生间内。蹲式大便器本身不带存水弯，安装时需另设存水弯。冲洗设备可采用延时自闭冲洗阀、高水箱，也可采用低水箱。

3.大便槽

大便槽用水磨石、瓷砖或整体不锈钢槽建造，设备简单，建造费用低，在建筑标准不高的公共建筑或公共厕所内采用。大便槽槽底坡度不小于0.015，排水管的管径一般为150mm。大便槽宜采用自动冲洗水箱进行定时冲洗。

4.小便器

小便器设于公共建筑的男厕所内，有立式和挂式两种。小便器由冲洗阀、小便斗、存水弯和冲洗管组成。

5.小便槽

小便槽槽底坡度不小于0.01，可用普通阀门控制的多孔冲洗管冲洗，但应尽量采用自动冲洗水箱冲洗，冲洗管设在距地面1.1m的地方，管径为15mm或20mm；管壁上开有直径为2mm、间距为30mm的一排小孔，小孔喷水的方向与墙面成45° 夹角；小便槽的长度L一般不大于6m。目前在公共场所男卫生间也采用不锈钢制品成套小便槽。

（二）盥洗、沐浴用洁具

盥洗、沐浴用卫生器具包括洗脸盆、盥洗槽、浴盆、淋浴器和净身盆等。

1.洗脸盆

洗脸盆的规格形式多样，材质大部分为瓷质，常用的有台上、台下、台中盆，也可分为单冷、冷热水洗脸盆。成套洗脸盆的安装包含盆具、水龙头、水件（角阀软管）、下水甚至台面、柜体等，盆具的安装应按照标准图集尺寸预留给排水点位。洗脸盆的台面高度为800mm，上配水时：单冷水的水龙头位于盆中心线墙面，距地面1000mm，冷、热水龙头中心距150mm，明管安装时，热水龙头高于冷水龙头100mm（距地面1100mm）。下配水洗脸盆最为常用。角阀安装高度450mm，角阀位置与洗脸盆上水龙头孔位置在一垂直线上，盆的后壁有溢水孔，盆底部设有排水栓，存水弯的公称直径为32mm，排水管的公称直径为50mm。

2.盥洗槽

盥洗槽装置在同时有多人需要使用盥洗的地方，如工厂、学校的集体宿舍、工厂生活间等。槽宽一般为500～600mm；槽长在4.2m以内可采用1个排水栓，超过4.2m需设置2个排水栓。

3.淋浴器

一般淋浴器的莲蓬头下缘安装在距地面1.9～2.1m高度，给水管的公称直径为15mm，其冷、热水截止阀离地面1.15m，两淋浴头的间距为900～1000mm。地面有0.005 ~ 0.010的坡度坡向排水口或排水明沟。

4.浴盆和净身盆

浴盆一般设在住宅、宾馆卫生间内，通常为陶瓷材质。净身盆一般设于高级公寓、宾馆和妇产医院的厕所中。

（三）洗涤用卫生器具

1.洗涤盆

洗涤盆装设在厨房或公共食堂内，供洗涤碗碟、蔬菜等食物之用。洗涤盆排水口在盆底的一端，口上设十字栏栅，卫生要求严格时还设有过滤器；为使水在盆内停留，应设排水栓。

2.污水盆（池）

污水盆装设在公共建筑的厕所、盥洗室内，供打扫厕所、洗涤拖布或倾倒污水之用。污水盆以前常用水磨石或水泥砂浆抹面的钢筋混凝土制品，目前常用陶瓷成套产品。

第二节　建筑室内排水系统的施工技术

一、室内排水管道的安装

（一）管道布置

管道布置有以下4点要求：满足最佳排水水力条件；满足美观要求及便于维护管理；保证生产和使用安全；保护管道不易受到损坏。

其布置原则如下：

（1）污水立管应设置在靠近杂质最多、最脏及排水量最大的排水点处，以便尽快地接纳横支管的污水而减少管道堵塞的机会；污水管的布置还应尽量减少不必要的转角及曲折而作直线连接。横管与横管、横管与立管之间的连接，宜采用45° 三通或45° 四通和90° 斜三通或90° 斜四通，或直角顺水三通水四通；横支管接入横干管、立管接入横干管时，应在横干管管顶或其两侧各45° 范围内接入；排水管若需轴线偏置，宜用乙字管或两个45° 弯头连接。

（2）排水立管与排出管端部的连接，宜采用两个45° 弯头或弯曲半径不小于4倍管径的90° 弯头。排出管宜以最短距离通至室外，因排水管较易堵塞，如埋设在室内的管道太长，则清通检修不方便；此外，管道长则坡度大，必然造成室外管道的埋设深度加深。

（3）在层数较多的建筑物内，为防止底层卫生器具因受立管底部出现过大的正压等原因而造成污水外溢现象，底层的生活污水管道应考虑采取单独排出方式。

（4）不论是立管或横支管，不论是明装或暗装，其安装位置应有足够的空间以利于拆换管件和清通维护工作的进行。

（5）当排出管与给水引入管布置在同一处进出建筑物时，为方便维修，避免或减轻因排水管渗漏造成土壤潮湿腐蚀和污染给水管道的现象，给水引入管与排出管管外壁的水平距离不得小于1.0m。

（6）管道应避免布置在有可能受设备震动影响或重物压坏处，因此管道不得穿越生产设备基础；若必须穿越时，应与有关专业人员协商作技术上的特殊处理。

（7）管道应尽量避免穿过伸缩缝、沉降缝；若必须穿过时，应采取相应的技术措施，以防止管道因建筑物的沉降或伸缩而受到破坏。

（8）排水架空管道不得敷设在有特殊卫生要求的生产厂房以及贵重商品仓库、通风小室和变、配电间内。

（9）污水立管的位置应避免靠近与卧室相邻的内墙。

（10）明装的排水管道应尽量沿墙、梁、柱面做平行设置，保持室内的美观；当建筑物对美观要求较高时，管道可暗装，但应尽量利用建筑物装饰使管道隐蔽，这样既美观又经济。

（11）硬聚氯乙烯排水立管（UPVC管）应避免布置在易受机械撞击处，如不能避免时，应采取保护措施；同时应避免布置在热源附近；如不能避免，且管道表面受热温度大于60℃时，应采取隔热措施；立管与家用灶具边净距不得小于0.4m，硬聚氯乙烯排水管应按规定设置阻火圈或防火套管。

（二）管道敷设

排水管的管径相对于给水管管径较大，又常需要清通修理，所以排水管道应以明装为主。在工业车间内部甚至采用排水明沟排水（所排污水、废水不应散发有害气体或大量蒸汽）。明装方式的优点是造价低；缺点是不美观，易积灰、结露、不卫生。

对室内美观程度要求较高的建筑物或管道种类较多时，应采用暗装方式。立管可设置在管道井内，或用装饰材料镶包掩盖，横支管可镶嵌在管槽中，或利用平吊顶装修空间隐蔽处理。大型建筑物的排水管道应尽量利用公共管沟或管廊敷设，但应留有检修位置。

排水管多为承插管道，无须留设安装或检修时的操作工具位置，所以排水立管的管壁与墙壁、柱等的表面净距有25～35mm就可以。排水管与其他管道共同埋设时的最小距离，水平向净距为1.0～3.0m，竖直向净距为0.15～0.20m，且给水管道布置在排水管道上面。

为防止埋设在地下的排水管道受到机械损坏，按照不同的地面性质，规定各种材料管道的最小埋深为0.4～1.0m。

排水管道的固定措施比较简单，排水立管用管卡固定，其间距最大不得超过3m；在承插管接头处必须设置管卡。横管一般用吊箍吊设在楼板下，间距视具体情况不得大于1.0m。

排水管道尽量不要穿越沉降缝、伸缩缝，以防止管道受到影响而漏水。在不得不穿越时，应采取有效措施，如软性接口等。

排水管道穿越建筑物基础时，必须在垂直通过基础的管道部分外套较其直径大20mm的金属套管，或设置在钢筋混凝土过梁的壁孔内（预留洞），管顶与过梁之间应留有足够的沉降间距以保护管道不因建筑物的沉降而受到破坏，一般不宜小于0.15m。

（三）室内排水管安装

室内排水管一般先安装出户管，然后安装排水立管和排水支管，最后安装卫生器具。

1.普通铸铁排水管安装

（1）出户管的安装宜采取排出管预埋或预留孔洞方式。当土建砌筑基础时，将出户管按设计坡度，承口朝来水方向敷设，安装时一般按标准坡度，但不应小于最小坡度，坡向检查井。为了减小管道的局部阻力和防止污物堵塞管道，出户管与排水立管应采用两个45° 弯头连接。排水管道的横管与横管、横管与立管的连接应采用45° 三通或45° 四通和90° 斜三通或90° 斜四通。预埋的管道接口处应进行临时封堵，防止堵塞。

管道穿越房屋基础的应做防水处理。排水管道穿过地下室外墙或地下构筑物的墙壁处，应设刚性或柔性防水套管。排出管的埋深：在素土夯实地面，应不小于排水铸铁管管顶至地面的最小覆土厚度0.7m；在水泥等路面下，最小覆土厚度不小于0.4m。

（2）排水立管在施工前应检查楼板预留孔洞的位置和大小是否正确，未预留或留的位置不对，应重新打洞。立管通常沿墙角安装，立管中心距墙面的距离应以不影响美观、便于接口操作为适宜。一般立管管径DN50～75时，距墙110mm左右；主管管径DN100时，距墙140mm；主管管径DN150时，距墙180mm左右。排水立管安装宜采取预制组装法，即先实测建筑物层高，以确定立管加工长度，然后进行立管上管件预制，最后分楼层由下而上组装。排水立管预制时，应注意下列管件所在位置：

①检查口设置及标高。排水立管每两层设置一个检查口，但最底层和有卫生器具的最高层必须设置。检查口中心距地面的距离为1m，允许偏差±20mm，并且至少高出该层卫生器具上边缘0.15m。

②三通或四通设置及标高。排水立管上有排水横支管接入时，须设置三通或四通管件。当支管沿楼层地面安装时，其三通或四通口中心至地面距离一般为100mm左右；当支管悬吊在楼板下时，三通或四通口中心至楼板底面距离为350～400mm。此间距太小不利于接口操作；间距太大影响美观，且浪费管材。立管在分层组装时，必须注意立管上检查口盖板向外，开口方向与墙面成45° 夹角；设在管槽内立管检查口处应设检修门，以便对立管进行清通。还应注意三通口或四通口的方向要准确。

立管必须垂直安装，安装时可用线锤校验检查，当达到要求再进行接口。立管的底部弯管处应设砖支墩或混凝土支墩。安装立管应由2人上下配合，一人在上一层的楼板上，由管洞投下一个绳头，下面的人将预制好的立管上部拴牢，可上拉下托，将管子插口插入其下的管子承口内。在下层操作的人可把预留分支管口及立管检查口方向找正，上层的人用木楔将管子在楼板洞处临时卡牢，并复核立管的垂直度，确认没问题后，再在承口内充塞填料，并填灰打实。管口打实后，将立管固定。

立管安装完毕后，应配合土建在立管穿越楼层处支模，并采用C20细石混凝土分两次浇捣密实。浇筑结束后，结合地平层或面层施工，并在管道周围筑成厚度不小于20mm，宽度不小于30mm的阻水圈。伸顶通气管应高出屋面0.3m，并且应大于最大积雪厚度。经常有人活动的平屋顶，伸顶通气管应高出屋面2m。通气口上应有网罩，以防落入杂物。伸顶通气管伸出屋面应做防水处理。

（3）立管安装后，应按卫生器具的位置和管道规定的坡度敷设排水支管。排水支管通常采取加工厂预制或现场地面组装预制，然后现场吊装连接的方法。排水支管预制过程主要有测线、下料切断、连接、养护等工序。

测线要依据卫生器具、地漏、清通设备和立管的平面位置，对照现场建筑物的实际尺寸，确定各卫生器具排水口、地漏接口和清通设备的确切位置，实测出排水支管的建筑长度，再根据立管预留的三通或四通高度与各卫生器具排水口的标准高度，并考虑坡度因素求得各卫生器具排水管的建筑高度。在实测和计算卫生器具排水管的建筑高度时，必须准确地掌握土建实际施工的各楼层地坪高度和楼板实际厚度，根据卫生器具的实际构造尺寸和国标大样图准确地确定其建筑尺寸。

测线工作完成后，即可进行下料，此步骤关键在于计算是否正确。计算下料先要弄清管材、管件的安装尺寸，再按测线所得的构造尺寸进行计算。排水支管连接时要算好坡度，接口要直，排水支管组装完毕后，应小心靠墙或贴地坪放置，不得绊动，接口湿养护时间不少于48h。排水支管吊装前，应先设置支管吊架或托架，吊架或托架间距一般为1.5mm左右，宜设在支管的承口处。吊装方法一般用人工绳索吊装，吊装时应不少于两个吊点，以便吊装时使管段保持水平状态。卫生器具排水管穿过楼板调整好，待整体到位后将支管末端插入立管三通或四通内，用吊架吊好，采用水平尺测量并调整吊杆顶端螺母以满足支管所需坡度。最后，进行立管与支管的接口，并进行养护。在养护期，吊装的绳索若要拆除，则须用不少于两处吊点的粗钢丝固定支管。伸出楼板的卫生器具排水管，应进行有效的临时封堵，以防施工时杂物落入堵塞管道。

2.建筑排水柔性接口铸铁管安装

建筑排水柔性接口铸铁管，是以柔性接头连接的灰口铸铁管及其配套管件的统称。

（1）建筑排水柔性接口铸铁管管道系统宜在下列情况和场所中使用；

①要求管道系统的使用年限与建筑物的使用年限相当时。

②高层和超高层建筑。

③要求管道系统具有适应建筑物较大横向和竖向变位能力时。

④管道系统易受人为损坏的场所（如拘留所、精神病院病房等）。

⑤瞬间排水温度高或系统运行中经常出现较高内压的场所。

⑥防火等级要求较高的建筑。

（2）承插式柔性接口排水铸铁管宜在下列情况下采用：

①要求管道系统接口具有较大的轴向转角和伸缩变形能力。

②对管道接口安装误差的要求相对较低时。

③对管道的稳定性要求较高时。

（3）卡箍式柔性接口排水铸铁管宜在下列情况下采用：

①安装要求的平面位置小，排水管道需设置在尺寸较小的管道井内或需紧贴墙面安装时。

②需分层同步安装和快速施工时。

③需分期修建或有改建、扩建要求的建筑。

（4）建筑排水柔性接口排水铸铁管宜在地面上、楼板下明设。当建筑有专门要求时，可在管槽、管道井、管窿或吊顶内暗设。明敷设的管道与墙、楼板的距离不得小于装卸管道及接头紧固螺栓操作时需要的最小距离。暗敷设应满足安装、维护、检修的需求，且不得影响建筑结构的安全。

（5）接入柔性接口排水铸铁管管道系统的卫生器具和设施，必须牢固地安装在建筑物的墙和楼板上；不得将其重量和载荷作用在管道上。

（6）管道穿越楼板、梁和墙时，管道不得作用在任何建筑结构上。管道穿承重墙或基础时，必须设置防护套管，套管内径较排水铸铁管外径大50mm。套管与被套管之间应用柔性材料填塞后，再用防水油膏封口。穿越防火墙时应用防火材料填塞和封口。穿墙套管的长度不得小于墙厚，穿楼板的套管应高出地面

50mm。

（7）管道接口不得设置在楼板、梁、墙等建筑结构内。接头与板、梁、墙的净距不得小于150mm。若因穿管道敷设打洞或开槽而影响结构安全时，必须进行加固，使结构达到设计要求的安全强度。

（8）排水管道埋地敷设时，管顶与室内地坪的净距不得小于300mm，不宜大于600mm。平行于建筑外墙的室外埋地管道，当管底高于墙基底时，管道与墙外皮的净距不得小于1000mm，管顶覆土厚度不应小于500mm。当管底低于墙基底时，管道必须设置在基底外向下45° 分布线范围以外。

（9）建筑物内部的埋地排水管道和排出室外的管道，均不得在墙基础下面穿越。当建筑物无地下室时，立管底部与排出管的连接处必须加设支墩。支墩可采用强度不低于C15的混凝土浇筑或强度不低于Mul0的砖砌筑。弯头底部应设置配套支座并锚固在支墩上。

（10）建筑排水柔性接口排水铸铁管管道系统，允许不设位移补偿装置。当管道系统需要折线安装时，承插式柔性接口的转角不得大于5，卡箍式柔性接口的转角不得大于3° 。

（11）管道连接前应对管材和管件进行检查和检验，检验管材外观和接头配合公差是否满足连接需求。卡箍式连接平口铸铁管相邻两端接头部位的外径应一致。

（12）建筑排水用柔性接口承插铸铁管连接的步骤如下：

①安装前，应将直管和管件内外污物和杂质清除，承口、插口、法兰压盖工作面上的泥沙等附着物应清除干净。

②连接前，应按插入长度在插口外壁上画出安装线。插入承口内的深度应比承口实际深度小5mm，安装线所在的平面应与管的轴线垂直。

③插入前，先将法兰压盖套在插口端，再套入橡胶圈，橡胶圈右侧与安装线对齐。

④在插入的过程中，插入管的轴线与承口管的轴线应在同一直线上，橡胶密封圈应均匀紧贴在承口的倒角上。

⑤拧紧螺栓时，三耳压盖的三个角应交替拧紧。四耳和四耳以上的压盖应按对角位置对称拧紧。拧紧应分多次交替进行，以使橡胶圈均匀受力。

（13）无承口（卡箍式）排水铸铁管连接。卡箍式连接方法步骤如下：

①安装前，应将直管和管件内外污物杂质清除干净，接口处不得有油污、泥沙、灰土等杂质。

②连接时，取出卡箍内橡胶密封套。卡箍为整圈不锈钢套环时，可将卡箍先套在接口一端的管材（管件）上。

③在接口相邻管端的一端套上橡胶密封套，使管口达到并紧贴在橡胶密封套中间肋的侧边上。将橡胶圈密封套的另一端向外翻转。

④将连接的管端固定，并紧贴在橡胶套中间肋的另一侧边上，再将橡胶密封套翻回套在连接管的管端上。

⑤安装卡箍前，应将橡胶密封圈擦拭干净。当卡箍件要求在橡胶密封套上涂润滑剂时，应按产品要求在橡胶密封套上涂抹润滑剂（润滑剂一般由生产厂配套提供）。

⑥卡箍上的螺栓紧固前应校准接头轴线，使两管轴线在同一直线上。螺栓拧紧应对称交替进行，使橡胶密封套均匀受力，起到良好的密封作用。

（14）加强型卡箍的使用。钢带型卡箍可用于高、低层建筑物的平口铸铁管排水管道系统。管道系统在下列情况下宜采用加强型卡箍：

①生活排水管道系统立管管道的拐弯处。

②屋面雨水排水系统的雨水斗接口处和管道转弯处。

③管道末端堵头处。

④无支管接入的排水立管和雨落管，且管道不允许出现偏转角时。

其他管道与柔性接口排水管的连接。卫生器具的塑料排水管、金属管等与柔性接口排水铸铁管连接时，可按相应管径采用插入式或套筒式连接。连接接头采用的密封材料、填缝材料、嵌缝材料应满足接头的密封要求。

3.硬聚氯乙烯排水管安装

（1）出户管安装：由于硬聚氯乙烯管抗冲击能力低，埋地铺设的出户管道宜分两段施工。第一段先做±0.00以下的室内部分，至伸出外墙为止。待土建施工结束后，再铺设第二段，从外墙接入检查井。穿地下室墙或地下构筑物的墙壁处，应做防水处理。埋地铺设的管材为硬聚氯乙烯排水管时，应做100～150mm厚的砂垫层基础。回填时，应先填100mm左右的中、细砂层，然后回填挖填土。出户管如采用排水铸铁管，底层硬聚氯乙烯排水立管插入排水铸铁管件（45°弯头）承口前，应先用砂纸打毛，插入后用麻丝填嵌均匀，以石棉水泥捻口，不得采用水泥砂浆，操作时应注意防止塑料管变形。

（2）硬聚氯乙烯排水管的承插粘接，应用胶粘剂粘牢。其操作按下列要求进行。

①下料及坡口。下料长度应根据实测并结合各连接件的尺寸确定。切管工具宜选用细齿锯、割刀和割管机等机具。断口应平整并垂直于轴线，断面处不得有任何变形。插口处坡口可用中号板锉锉成15°～30°。坡口厚度宜为管壁厚度的1/3～1/2，长度一般不小于3mm。坡口后应将残屑清理干净。

②清理粘接面。管材或管件在粘接前应用棉丝或软干布将承口内侧和插口外侧擦拭干净，使被粘接面保持清洁，无尘砂与水迹。当表面沾有油污时，可用棉纱蘸丙酮等清洁剂清除。

③管端插入承口深度。配管时应将管材与管件承口试插一次，在其表面画出标记。管端应插入承口一定深度。

④胶黏剂涂刷。用毛刷蘸胶粘剂涂刷粘接承口内侧及粘接插口外侧时，应轴向涂刷，动作要快，涂抹均匀，涂刷的胶粘剂应适量，不得漏涂或涂抹过厚。应先涂承口，后涂插口。

⑤承插接口的连接。承插口涂刷胶粘剂后，应立即找正方向将管子插入承口，使其准直，再加挤压。应使管端插入深度符合所画标记，并保证承插接口的直度和接口位置正确，还应保持静待2～3 min，防止接口滑脱。

⑥承插接口的养护。承插接口连接完毕后，应将挤出的胶黏剂用棉纱或干布蘸清洁剂擦拭干净。根据胶黏剂的性能和气候条件静置至接口固化为止。冬季施工时固化时间应适当延长。

（3）立管安装前，应按设计要求设置固定支架或支承件，再进行立管的吊装。立管安装时，一般先将管段吊正，注意三通口或四通口的朝向应正确。硬聚氯乙烯排水管应按设计要求设置伸缩节。伸缩节安装时，应注意将管端插口平直插入伸缩节承口橡胶圈中，用力应均匀，不可摇挤，避免顶歪橡胶圈造成漏水。安装完毕后，即可将立管固定。

立管穿越楼板比较容易漏水。若立管穿越楼板是非固定的，应在楼板中埋设钢制防水套管（套管管径比立管管径大1号），套管高于地面10～15mm，套管与立管之间的缝隙用油麻或沥青玛碲脂填实。当立管穿越楼板或屋面处固定时，应用不低于楼板强度等级的细石混凝土填实，立管周围应做出高于原地坪

10～20mm的阻水圈，防止接合部位发生渗水漏水现象；也可采用橡胶圈止水，圈壁厚4mm、高10mm，套在立管上，设在楼板内，再浇捣细石混凝土，立管周围抹成高出楼面10～15mm的防水坡；还可以采用硬聚氯乙烯防漏环，环与立管粘接，安装方法同橡胶圈，但价格比橡胶圈便宜。

立管上的伸缩节应设置在靠近支管处，使支管在立管连接处位移较小。伸顶通气管穿屋面应做防水处理。通气管也可采用排水铸铁管，接口采取麻石棉水泥捻口。

（4）支管安装前，应预埋吊架。支管安装时，应按设计要求设置伸缩节，伸缩节的承口应逆水流方向，安装时应根据季节情况，预留膨胀间隙。支管的安装坡度应符合设计要求。硬聚氯乙烯排水管安装必须保证立管垂直度，以及出户管、支管弯曲度要求。

（5）螺纹连接硬聚氯乙烯排水管系指管件的管端带有牙螺纹段，并采用带内螺纹与塑料垫圈和橡胶密封圈的螺帽相连接的管道。硬聚氯乙烯排水管螺纹连接常用于需经常拆卸的地方。与粘接相比，成本较高，施工要求高。在建筑排水工程中的应用没有粘接普遍。

①螺纹连接材料。管件必须使用注塑管件。塑料垫圈应采用与管材不同性质的塑料如聚乙烯等制成。橡胶密封圈须采用耐油、耐酸和耐碱的橡胶制成。

②螺纹连接施工。首先应清除材料上的油污与杂物，使接口处保持洁净；然后将管材与管件的接口试插一次，使插入处留有5～7mm的膨胀间隙，插入深度确定后，应在管材表面画出标记。

安装时，先在管端依次套，上螺帽、垫圈和胶圈，然后插入管件。用手拧紧螺帽，并用链条扳手或专用扳手拧紧。用力应适量，以防止胀裂螺帽。拧紧螺帽时应使螺纹外露2～3扣。橡胶密封圈的位置应平整正确，使塑料垫圈四周均能压实。

（6）塑料管道粘接所使用的清洁剂和胶黏剂等属易燃物品，在其存放、使用过程中，必须远离火源、热源和电源。管道粘接场所，禁止明火和吸烟，通风必须良好。集中操作预制场所，还应设置排风设施。管道粘接时，操作人员应站在上风处并穿戴防护手套、防护眼镜和口罩等，避免皮肤与眼睛同胶黏剂接触。冬季施工，应采取防寒防冻措施。操作场所应保持空气流通，不得密闭。胶黏剂和清洁剂易挥发，装胶黏剂和清洁剂的瓶盖应随用随开，不用时应立即盖紧，严禁非操作人员使用。

二、卫生器具及常用排水设备的施工安装

（一）卫生器具安装的一般要求

卫生器具安装一般在土建内粉刷工作基本完工、建筑内部给水排水管道敷设完毕后进行。安装前应熟悉施工图纸和国家颁发的《全国通用给水排水标准图集》，做到所有卫生器具的安装尺寸符合国家标准及施工图纸的要求。卫生器具的安装基本上有共同的要求：平、稳、牢、准、不漏、使用方便、性能良好。平：所有卫生器具的上口边沿要水平，同一房间成排的卫生器具标高应一致。稳：卫生器具安装后无晃动现象。牢：安装牢固，无松动脱落现象。准：卫生器具的平面位置和高度尺寸准确。不漏：卫生器具上、下水管口连接处严密不漏。使用方便：零部件布局合理，阀门及手柄的位置朝向合理，整套设施力求美观。

安装前，应对卫生器具及其附件（如配水嘴、存水弯等）进行质量检查，要求卫生器具及其附件有产品出厂合格证，卫生器具外观应规矩、表面光滑、造型美观、无破损无裂纹、边沿平滑、色泽一致、排水孔通畅。不符合质量要求的卫生器具不能安装。卫生器具的安装顺序：首先是卫生器具排水管的安装，然后是卫生器具落位安装，最后是进水管和排水管与卫生器具的连接。卫生器具落位安装前，应根据卫生器具的位置进行支、托架的安装。支、托架的安装宜采用膨胀螺栓或预埋螺栓固定。卫生器具的支、托架防腐良好。支、托架的安装须正确、牢固，与卫生器具接触应紧密、平稳，与管道的接触应平整。卫生器具的给水配件应完好无损伤，接口严密，启闭部分灵活。装配镀铬配件时，不得使用管钳，不得已时应在管钳上衬垫软布，方口配件应使用活扳手，以免破坏镀铬层，影响美观及使用寿命。

（二）大便器施工安装

大便器分为蹲式大便器和坐式大便器两种。

1.蹲式大便器的安装

蹲式大便器本身不带存水弯，安装时需另加存水弯。存水弯有P形和S形两种，P形比S形的高度要低一些。所以，S形仅用于底层，P形既可用于底层又能

用于楼层，这样可使支管（横管）的悬吊高度要低一些。

蹲式大便器一般安装在地坪的台阶上，一个台阶高度为200mm；最多为两个台阶，高度400mm。住宅蹲式大便器一般安装在卫生间现浇楼板凹坑低于楼板不少于240mm，这样，就省去了台阶，方便人们使用。

高水箱蹲式大便器的安装顺序如下：

（1）高水箱安装。先将水箱内的附件装配好，保证使用灵活。按水箱的高度、位置，在墙上画出钻孔中心线，用电钻钻孔，然后用膨胀螺栓加垫圈将水箱固定。

（2）水箱浮球阀和冲洗管安装。将浮球阀加橡胶垫从水箱中穿出来，再加橡皮垫，用螺母紧固；然后将冲洗管加橡胶垫从水箱中穿出，再套上橡胶垫和铁制垫圈后用根母紧固。注意用力适当，以免损坏水箱。

（3）安装大便器。大便器出水口套进存水弯之前，须先将麻丝白灰（或油灰）涂在大便器出水口外面及存水弯承口内。然后用水平尺找平摆正，待大便器安装定位后，将手伸入大便器出水口内，把挤出的白灰（或油灰）抹光。

（4）冲洗管安装。冲洗水管（一般为DN32塑料管）与大便器进水口连接时，应涂上少许食用油，把胶皮碗套上，要套正套实，然后用14号铜丝分别绑扎两道，不许压结在一条线上，两道铜丝纽扣要错位。

（5）水箱进水管安装。将预制好的塑料管（或铜管）一端用锁母固定在角阀上，另一端套上锁母，管端缠聚四氟乙烯生料带或铅油麻丝后，用锁母锁在浮球阀上。

（6）大便器的最后稳装。大便器安装后，立即用砖垫牢固，再以混凝土做底座。但胶皮碗周围应用干燥细砂填充，便于日后维修。最后配合土建单位在上面做卫生间地面。

2.坐式大便器安装

坐式大便器按冲洗方式，分为低水箱冲洗和延时自闭式冲洗阀冲洗两种；按低水箱所处的位置，又分为分体式或连体式两种。分体式低水箱坐便器的安装顺序如下：

（1）低水箱安装，先在地面将水箱内的附件组装好；然后根据水箱的安装高度和水箱背部孔眼的实际尺寸，在墙上标出螺栓孔的位置，采用膨胀螺栓或预埋螺栓等方法将水箱固定在墙上。就位固定后的低水箱应横平竖直，稳固贴墙。

（2）大便器安装。大便器安装前，应先将大便器的排出口插入预先安装的DN100污水管口内，再将大便器底座孔眼的位置用笔在地坪上标记，移开大便器用冲击电钻打孔（不打穿地坪），然后将大便器用膨胀螺栓固定。固定时，用力要均匀，防止瓷质便器底部破碎。

（3）水箱与大便器连接管安装。水箱和大便器安装时，应保证水箱出水口和大便器进水口中心对正。连接管一般为90° 铜质冲水管。安装时，先将水箱出水口与大便器进水口上的锁母卸下，然后在弯头两端缠生料带或铅油麻丝，一端插入低水箱出水口，另一端插入大便器进水口，将卸下的锁母分别锁紧两端，注意松紧要适度。

（4）水箱进水管上角阀与水箱进水口处的连接。常采用外包金属软管，能有效地满足角阀与低水箱管口不在同一垂直线上时的安装要求。该软管两端为活接，安装十分方便。

（5）大便器排出口安装。大便器排出口应与大便器安装同步进行。其做法与蹲便器排出口安装相同，只是坐便器不需存水弯。连体式大便器由于水箱与大便器连为一体，造型美观，整体性好，已成为当今高档坐便器主流。其安装比分体式大便器简单得多，仅需连接水箱进水管和大便器排出管及安装大便器即可。此外，采用延时自闭式冲洗阀冲洗的坐便器及蹲便器具有所占空间小、美观、安装方便的特点，因而得到广泛的应用，其安装可参照设计施工图及产品使用说明进行。

（三）洗脸盆、洗涤盆、小便器安装

1.洗脸盆

洗脸盆有墙架式、柱脚式、台板式三种形式。墙架式洗脸盆，是一种低档洗脸盆，其安装顺序如下：

（1）托架安装。根据洗脸盆的位置和安装高度，画出托架在墙上固定的位置。用冲击电钻钻孔，采用膨胀螺栓或预埋螺栓将托架平直地固定在墙上。

（2）进水管及水嘴安装。将脸盆稳装在托架上，脸盆上水嘴垫胶皮垫后穿入脸盆的进水孔，然后加垫并用根母紧固。水嘴安装时应注意热水嘴装在脸盆左边，冷水嘴装在右边，并保证水嘴位置端正、稳固。水嘴装好后，接着将角阀的入口端与预留的给水口相连接，另一端配短管（宜采用金属软管）与脸盆水嘴连

接，并用锁母紧固。

（3）出水口安装。将存水弯锁母卸开，上端套在缠油麻丝或生料带的排水栓上，下端套上护口盘插入预留的排水管管口内，然后把存水弯锁母加胶皮垫找正紧固，最后把存水弯下端与预留的排水管口间的缝隙用铅油麻丝或防水油膏塞紧，盖好护口盘。立式及台式洗脸盆属中高档洗脸盆，其附件通常是镀铬件，安装时应注意不要损镀铬层。安装立式及台式洗脸盆可参见国标图及产品安装要求，也可参照墙架式洗脸盆安装顺序进行。

2.洗涤盆

住宅厨房、公共食堂中设洗涤盆，用作洗涤食品、蔬菜、碗碟等。医院的诊室、治疗室等也需设置。洗涤盆材质有陶瓷、砖砌后瓷砖贴面、水磨石、不锈钢。首先按图纸所示，确定洗涤盆安装位置，安装托架或砌筑支撑墙，然后装上洗涤盆，找平找正，与排水管道进行连接。在洗涤盆排水口丝扣下端涂铅油，缠少许麻丝，然后与P形存水弯的立节或S形存水弯的上节丝扣连接，将存水弯横节或存水弯下节的端头缠好油盘根绳，与排水管口连接，用油灰将下水管口塞严、抹平。最后按图纸所示安装、连接给水管道及水嘴。

3.小便器

小便器是设于公共建筑的男厕所内的便溺设施，有挂式、立式和小便槽三种。挂式小便器安装：对准给水管中心画一条垂线，由地面向上量出规定的高度画一水平线，根据产品规格尺寸由中心向两侧量出孔眼的距离，确定孔眼位置，钻孔，嵌入螺栓，将小便器挂在螺栓上。小便器与墙面的缝隙可嵌入白水泥涂抹。挂式小便器安装时应检查给水、排水预留管口是否在一条垂线上，间距是否一致；然后分别与给水管道、排水管道进行连接。挂式小便器给水管道、排水管道分别可以采用明装或暗装施工。

（四）浴盆安装

浴盆一般为长方形，也有方形的。长方形浴盆有带腿和不带腿之分。按配水附件的不同，浴盆可分为冷热水龙头、固定式淋浴器、混合龙头、软管淋浴器、移动式软管淋浴器浴盆。

冷热水龙头浴盆是一种普通浴盆。

1.浴盆稳装

浴盆安装应在土建内粉刷完毕后才能进行。如浴盆带腿，应将腿上的螺栓卸下，将拨锁母插入浴盆底卧槽内，把腿扣在浴盆上，戴好螺母，拧紧找平，不得有松动现象。不带腿的浴盆，将其底部平稳地放在用水泥砖块砌成的两条墩子上，从光地坪至浴盆上口边缘为520mm，浴盆向排水口一侧稍倾斜，以利排水。浴盆四周用水平尺找正，不得歪斜。

2.配水龙头安装

配水龙头高于浴盆面150mm，热左冷右，两龙头中心距150mm。

3.排水管路安装

排水管安装时，先将溢水弯头、三通等组装好，准确地量好各段长度再下料，排水横管坡度为0.02。先把浴盆排水栓涂上白灰或油灰，垫上胶皮垫圈，由盆底穿出，用根母锁紧，多余油灰抹平，再连上弯头、三通。溢水管的弯头也垫上胶皮圈，将花盖串在堵链的螺栓上，然后将溢水管插入三通内，用根母锁住。三通与存水弯连接处应配上一段短管，插入存水弯的承口内，缝隙用铅油麻丝或防水油膏填实抹平。

4.浴盆装饰

浴盆安装完成后，由土建人员用砖块沿盆边砌平并贴瓷砖，在安装浴盆排水管的一端，池壁墙应开一个300mm×300mm的检查门，供维修使用。在最后铺瓷砖时，应注意浴盆边缘必须嵌进瓷砖10～15mm，以免使用时渗水。在现实生活中，由于使用浴盆会引起交叉感染，传播疾病，故现在许多地方已不再安装浴盆，而是将地面进行防水处理，然后站在地板上直接淋浴，淋浴水直接通过地漏排入排水管道系统。

（五）潜水泵安装

1.潜水泵运输

地下部分潜水泵通过汽车坡道运入，水平采用叉车运输或人力搬运，运输过程中应保护设备。

2.潜水泵安装

每台潜水泵的安装需配备上升导杆及提升链条，排水管与潜水泵的连接为自动耦合，利用耦合装置将泵与出水管路相连，泵和出水管路相互独立，其间不用紧固件联结。

导杆只起导向作用，用普通水管或钢管，提升链条为不锈钢制造。安装时，把底座固定在池底，将导杆支架固定于池顶部侧壁；用螺栓将泵体与耦合接口相连，将耦合接口半圆孔导入导杆，把泵沿导杆向下滑到底，耦合支架就会把泵体的出水口和排水底座入口自动对准，依靠泵的自重使两法兰面自动贴紧。

3.潜水泵维护

为了保证潜水泵的正常使用和延长使用寿命，应该进行定期的检查和保养。在污水介质中长期使用后，潜水泵的叶轮与密封环之间的间隙可能增大，造成水泵流量和效率下降，应关掉电闸，将潜水泵吊起，拆下底盖，取下密封环，按叶轮口环实际尺寸配密封环，间隙一般在0.5mm左右。

潜水泵长期不用时，应清洗并吊起置于通风干燥处，注意防冻；若置于水中，每15天至少运转30min（不能干磨），以检查其功能和适应性。电缆每年至少检查一次，若破损应给予更换。每年至少检查一次电机绝缘及紧固螺栓。潜水泵在出厂前已注入适量的机油，用以润滑机械密封，该机油应每年检查一次。如果发现机油中有水，应将其放掉，更换机油，更换密封垫，旋紧螺塞。

三、排水系统试验

建筑内部排水管道为重力流管道，一般做闭水（灌水）试验，以检查其严密性。同时，为了防止管道堵塞还要求做通球试验。

（一）闭水（灌水）试验

建筑内部暗装或埋地排水管道，应在隐蔽或回填土之前做闭水试验，其灌水高度应不低于底层地面高度。确认合格后方可进行回填土或进行隐蔽作业。对生活和生产排水管道系统，管内灌水高度一般以一层楼的高度为准；雨水管的灌水高度必须到每根立管最上部的雨水斗。

灌水试验以满水15min后，再灌满延续5min，液面不下降为合格。灌水试验时，除检查管道及其接口有无渗漏现象外，还应检查是否有堵塞现象。排水系统的灌水试验可采用排水管试漏胶囊。试验方法如下：

（1）立管和支管（横管）砂眼或接口试漏。先将试漏胶囊从立管检查口处放至立管适当部位，然后用打气筒充气，从支管口灌水；如管道有砂眼或接口不良，即会发生渗漏。

（2）大便器胶皮碗试验。胶囊在大便器下水口充气后，通过灌水试验如胶皮碗绑扎不严，水在接口处渗漏。

（3）地漏、立管穿楼板试漏。打开地漏盖，胶囊在地漏内充气后可在地面做泼水试验，如地漏或立管封堵不好，即向下层渗漏。整个闭水试验过程中，各有关方面负责人必须到现场，做好记录和签证，并作为工程技术资料归档。

（二）通球试验

排水主立管及水平干管管道均应做通球试验，通球球径不小于排水管道管径的2/3，通球率必须达到100%。通球试验应从上至下进行，胶球从排水立管顶端投入，注入一定水量于管内，使球能顺利流出为合格；通球过程中如遇堵塞，应查明位置进行疏通，直到通球无阻为止。

第三节　屋面雨水系统

一、屋面雨水排除系统分类

降落在屋面的雨水和冰雪融化水，尤其是暴雨，会在短时间内形成积水，为了不造成屋面漏水和四处溢流，需要对屋面积水进行有组织的排放。坡屋面一般为檐口散排，平屋面则需设置屋面雨水排除系统。根据建筑物的类型、建筑结构形式、屋面面积大小、当地气候和生产生活的要求等，屋面雨水排除系统可以分为多种类型。

（一）雨水管道布置位置分类

1.外排水系统

外排水系统是指屋面不设雨水斗，建筑内部没有雨水管道的雨水排放形式。按屋面有无天沟，又可分为檐沟外排水系统和天沟外排水系统。

（1）檐沟外排水系统又称普通外排水系统或水落管外排水系统，屋面雨水由檐沟汇水，然后流入雨水斗，经连接管至承雨水斗和外立管，排至室外散水坡。

（2）长天沟外水系统是指屋面水由天沟汇水，排至建筑物两端，经雨水斗、外立管排至室外地面。天沟设置在两跨中间并坡向端墙（山墙、女儿墙），外立管连接雨水斗沿外墙布置。

2.内排水系统

内排水系统是指屋面设有雨水斗、建筑物内部设有雨水管道的雨水排水系统。该系统常用于跨度大、特别长的多跨工业厂房，屋面设天沟有困难的壳形屋面、锯齿形屋面、屋面有天窗的厂房等。建筑立面要求高的高层建筑、大屋面建筑和寒冷地区的建筑，不允许在外墙设置雨水立管时，也应考虑采用内排水形式。内排水系统可分为单斗排水系统和多斗排水系统，敞开式内排水系统和密闭式内排水系统。

（1）单斗系统一般不设悬吊管，雨水经雨水斗流入设在室内的雨水排水立管排至室外雨水管渠。多斗系统一般设有悬吊管，雨水由多个雨水斗流入悬吊管，再经雨水排水立管排至室外雨水管渠。

（2）敞开式内排水系统，雨水经排出管进入室内普通检查井，属于重力流排水系统，因雨水排水中负压抽吸会挟带大量的空气，若设计和施工不当，突降暴雨时会出现检查井冒水现象，雨水漫流而造成危害，但敞开式内排水系统可接纳与雨水性质相近的生产废水。

密闭式内排水系统，雨水经排水管进入用密闭的三通连接的室内埋地管，属于压力排水系统。当雨水排泄不畅时，室内不会发生冒水现象，但不能接纳生产废水。对于室内不允许出现冒水的建筑，一般宜采用密闭式内排水系统。

3.混合排水系统

大型工业厂房的屋面形式复杂，为了及时有效地排除屋面雨水，往往同一建筑物采用几种不同形式的雨水排除系统，分别设置在屋面的不同部位，由此组合成屋面雨水混合排水系统。

（二）按管内水流情况分类

1.重力流排水系统

重力流排水系统可承接管系排水能力范围不同标高的雨水斗排水，檐沟外排水系统、敞开式内排水系统和高层建筑屋面雨水管系都宜按重力流排水系统设计。重力流排水系统应采用重力流排水型雨水斗。

2.压力流排水系统

压力流排水系统，同一系统的雨水斗应在同一水平面上，长天沟外排水系统宜按单斗压力流设计；密闭式内排水系统，宜按压力流排水系统设计；单斗压力流系统应采用65型和79型雨水斗，多斗压力流排水系统应采用多斗压力流排水型雨水斗。

（三）雨水排除系统的选择

屋面雨水排除必须按重力流或压力流设计，檐沟外排水系统应按重力流设计；长天沟外排水系统应按单斗压力流设计；内排水系统可按重力流或压力设计；大屋面工业厂房和公共建筑宜按多斗压力流设计。

二、屋面雨水排除系统的组成、布置与敷设

（一）外排水系统的组成、布置与敷设

屋面雨水外排水系统中，都应设置雨水斗。雨水斗是一种专用装置，型号有65型、79型和87型，常用规格为75mm、100mm、150mm，又有平箅型和柱球型。柱球型雨水斗有整流格栅，主要起整流作用，避免排水过程中形成过大的漩涡而吸入大量的空气，迅速排除屋面雨水的同时拦截树叶等杂物。阳台、花台、供人们活动的屋面及窗井处常采用平箅型雨水斗，檐沟和天沟内常用柱球型雨水斗。

1.檐沟外排水系统

檐沟外排水系统由檐沟、雨水斗和水落管组成，属于重力流，常采用重力流排水型雨水斗。雨水斗设置在檐沟内，雨水斗的间距根据降雨量和雨水斗的排水负荷确定出。根据1个雨水斗服务的屋面汇水面积，并结合建筑结构、屋面情况决定雨水斗数量。一般情况下，檐沟外排水系统，雨水斗间距可采用8～16m，同一建筑屋面，雨水排水立管不应少于2根。

雨水排水立管又称水落管，檐沟外排水系统应采用UPVC排水塑料管和排水铸铁管，其最小管径可用DN75，下游管径不得小于上游管段管径，距地面以上

1m处设置检查口，牢靠地固定在建筑物的外墙上。

2.长天沟外排水系统

长天沟外排水系统属于单斗压力流，由天沟、雨水斗和排水立管组成，应采用压力流排水型雨水斗，雨水斗通常设置在伸出山墙的天沟末端。排水立管连接雨水斗，应采用UPVC承压塑料管和承压铸铁管，最小管径可采用DN100；下游管段管径不得小于上游管段管径，距地面以上1m处设置检查口，雨水排水立管固定应牢固。

长天沟外排水系统，天沟应以建筑物伸缩缝或沉降缝为屋面分水线，在分水线两侧设置，天沟连续长度不宜大于50m；坡度太小易积水，太大会增加天沟起端屋顶垫层，一般用0.003~0.006，斗前天沟深度不宜小于100mm。天沟不宜过宽，以满足雨水斗安装尺寸为宜。天沟断面多为矩形或梯形，天沟端部应设溢流口，用以排除超过重现期的降雨，溢流口比天沟上檐低50~100mm。

（二）内排水系统的组成、布置与敷设

内排水系统由天沟、雨水斗、连接管、悬吊管、立管、排水管、埋地干管和检查井组成。降落到屋面的雨水，由屋面汇水流入雨水斗，经连接管、悬吊管、排水立管、排出管流入雨水检查井，或经埋地干管排至室外雨水管道。内排水的单斗或多斗系统可按重力流或压力流设计，大屋面工业厂房和公共建筑宜按多斗压力流设计。雨水斗的选型与外排水系统相同，分清重力流或压力流即可。雨水斗设置间距，应经计算确定，并应考虑建筑结构柱网，沿墙、梁、柱布置，便于固定管道。一般情况下，多斗重力流排水系统和多斗压力流排水系统雨水斗的横向间距可采用12~24m，纵向间距可采用6~12m。当采用多斗排水系统时，同一系统的雨水斗应在同一水平面上，且一根悬吊管上的雨水斗不宜多于4个，最好为对称布置，并要求雨水斗不能设在排水立管顶端。内排水系统采用的管材与外排水系统相同，而工业厂房屋面雨水排水管道也可采用焊接钢管，但其内外壁应作防腐处理。

1.敞开式内排水系统

（1）连接管是上部连接雨水斗、下部连接悬吊管的一段竖向短管。其管径一般与雨水斗相同，但管径不宜小于DN100。连接管应牢靠地固定在建筑物的承重结构上，下端宜采用顺水连通管件与悬吊管相连接。为防止因建筑物层间位

移、高层建筑管道伸缩造成雨水斗周围屋面被破坏，在雨水斗连接管道下应做补偿装置，一般宜采用橡胶短管或承插式柔性接口。

（2）悬吊管是上部与连接管下部与排水立管相连接的管段，通常是顺梁或屋架布置的架空横向管道。其管径按重力流和压力流计算确定，但不应小于连接管径，也不应大于DN300，坡度不小于0.005。连接管与悬吊管、悬吊管与立管之间的连接管件采用45°或90°斜三通为宜。悬吊管端部和长度大于15m的悬吊管上设置检查口或带法兰的三通，其位置宜靠近墙柱，以利操作。

（3）雨水排水立管承接经悬吊管或雨水斗流来的雨水，1根立管连接的悬吊管根数不多于2根，立管管径应经水力计算确定，但不得小于上游管段管径。同一建筑，雨水排水立管不应少于2根，高跨雨水流至低跨时，应采用立管引流，防止对屋面冲刷。立管宜沿墙柱设置，牢靠固定，并在距地面以上1m处设置检查口。

（4）埋地管敷设于室内地下，承接雨水立管的雨水并排至室外，埋地管最小管径为200mm，最大不超过600mm，常用混凝土管或钢筋混凝土管。在埋地管转弯、变坡、管道汇合连接处和长度超过30m的直线管段上均应设检查井。检查井井深应不小于0.7m，井内管顶平接，并做高出管顶200mm的高流槽。

为了有效分离出雨水排出时吸入的大量空气，避免敞开式内排水系统埋地管系统上检查井冒水，应在埋地管起端几个检查井与排出管之间设排气井，从排出管排出的雨水流入排气井后与溢流墙碰撞消能，流速大幅度下降，使得气水分离；水再经整流格栅后平稳排出，分离出的气体经放气管排放到一定空间。

2.密闭式内排水系统

密闭式内排水系统由天沟、雨水斗、连接管、悬吊管、雨水立管、埋地管组成，其设计选型、布置和敷设与敞开式内排水系统相同。但两个系统的主要区别是密闭式内排水系统属于压力流，不设排气井，埋地管上检查口设在检查井内，即检查口井。

第三章　建筑给水排水工程施工质量控制

第一节　室内给水系统施工质量控制记录

一、一般规定

（1）适用于工作压力不大于1.0MPa的室内给水和消火栓系统管道安装工程的质检与验收。

（2）给水管道必须采用与管材相适应的管件。生活给水系统所涉及的材料必须达到饮用水卫生标准。

（3）管径小于或等于100mm的镀锌钢管应采用螺纹连接，套丝扣时破坏的镀锌层表面及外露螺纹部分应做防腐处理；管径大于100mm的镀锌钢管应采用法兰或卡套式专用管件连接，镀锌钢管与法兰的焊接处应二次镀锌。

（4）给水塑料管和复合管可以采用橡胶圈接口、粘接接口、热熔连接、专用管件连接及法兰连接等形式。塑料管和复合管与金属管件、阀门等的连接应使用专用管件连接，不得在塑料管上套丝。

（5）给水铸铁管管道应采用水泥捻口或橡胶圈接口方式进行连接。

（6）铜管连接可采用专用接头或焊接，当管径小于22mm时宜采用承插或套管焊接，承口应迎介质流向安装；当管径大于或等于22mm时宜采用对口焊接。

（7）给水立管和装有3个或3个以上配水点的支管始端，均应安装可拆卸的连接件。

（8）冷、热水管道同时安装应符合下列规定：

①上、下平行安装时热水管应在冷水管上方。

②垂直平行安装时热水管应在冷水管左侧。

二、给水管道及配件安装

（一）主控项目

（1）室内给水管道的水压试验必须符合设计要求。当设计未注明时，各种材质的给水管道系统试验压力均为工作压力的1.5倍，但不得小于0.6MPa。

检验方法：金属及复合管给水管道系统在试验压力下观测10min，压力降不应大于0.02MPa，然后降到工作压力进行检查，应不渗不漏；塑料管给水系统应在试验压力下稳压1h，压力降不得超过0.05MPa，然后在工作压力的1.15倍状态下稳压2h，压力降不得超过0.03MPa，同时检查各连接处不得渗漏。

（2）给水系统交付使用前必须进行通水试验并做好记录。检验方法：观察和开启阀门、水嘴等放水。

（3）生活给水系统管道在交付使用前必须冲洗和消毒，并经有关部门取样检验，符合国家《生活饮用水卫生标准》（GB 5749-2022）方可使用。

检验方法：检查有关部门提供的检测报告。

（4）室内直埋给水管道（塑料管道和复合管道除外）应做防腐处理。埋地管道防腐层材质和结构应符合设计要求。

检验方法：观察或局部解剖检查。

（二）一般项目

（1）给水引入管与排水排出管的水平净距不得小于1m。室内给水与排水管道平行敷设时，两管间的最小水平净距不得小于0.5m；交叉铺设时，垂直净距不得小于0.15m。给水管应铺在排水管上面，若给水管必须铺在排水管的下面时，给水管应加套管，其长度不得小于排水管管径的3倍。

检验方法：尺量检查。

（2）管道及管件焊接的焊缝表面质量应符合下列要求：

①焊缝外形尺寸应符合图纸和工艺文件的规定，焊缝高度不得低于母材表面，焊缝与母材应圆滑过渡。

②焊缝及热影响区表面应无裂纹、未熔合、未焊透、夹渣、弧坑和气孔等缺

陷。检验方法：观察检查。

（3）给水水平管道应有2‰~5‰的坡度坡向泄水装置。检验方法：水平尺和尺量检查。

①管道的支、吊架安装应平整牢固，其间距应符合设计要求。检验方法：观察、尺量及手扳检查。

②水表应安装在便于检修、不受暴晒、污染和冻结的地方。安装螺翼式水表，表面与阀门应有不小于8倍水表接口直径的直线管段。表外壳距墙表面净距为10~30mm；水表进水口中心标高按设计要求，允许偏差为±10mm。

检验方法：观察和尺量检查。

三、室内消火栓系统安装

（一）主控项目

室内消火栓系统安装完成后，应取屋顶层（或水箱间内）试验消火栓和首层取两处消火栓做试射试验，达到设计要求为合格。

检验方法：实地试射检查。

（二）一般项目

（1）安装消火栓水龙带，水龙带与水枪和快速接头绑扎好后，应根据箱内构造将水龙带挂放在箱内的挂钉、托盘或支架上。

检验方法：观察检查。

（2）箱式消火栓的安装应符合下列规定：

①栓口应朝外，并不应安装在门轴侧。

②栓口中心距地面为1.1m，允许偏差±20mm。

③阀门中心距箱侧面为140mm，距箱后内表面为100mm，允许偏差±5mm。

④消火栓箱体安装的垂直度允许偏差为3mm。

检验方法：观察和尺量检查。

四、给水设备安装

（一）主控项目

（1）水泵就位前的基础混凝土强度、坐标、标高、尺寸和螺栓孔位置必须符合设计规定。

检验方法：对照图纸用仪器和尺量检查。

（2）水泵试运转的轴承温升必须符合设备说明书的规定。检验方法：温度计实测检查。

（3）敞口水箱的满水试验和密闭水箱（罐）的水压试验必须符合设计与规范的规定。检验方法：满水试验静置24h观察，不渗不漏；水压试验在试验压力下10min压力不降，不渗不漏。

（二）一般项目

（1）水箱支架或底座安装，其尺寸及位置应符合设计规定，埋设平整牢固。检验方法：对照图纸，尺量检查。

（2）水箱溢流管和泄放管应设置在排水地点附近但不得与排水管直接连接。检验方法：观察检查。

（3）立式水泵的减振装置不应采用弹簧减振器。检验方法：观察检查。

五、施工前的准备工作

（一）技术准备

（1）施工图已详细审阅，相关技术资料齐备并已熟悉整个工程概况。

（2）已组织图纸会审，并有图纸会审“纪要”。

（3）对安装专业班组已进行初步施工图和施工技术交底。

（4）编制施工预算和主要材料采购计划。

（5）实地了解施工现场情况。

（6）编制合理的施工进度。

施工组织设计或施工方案通过批准。

（二）主要施工机具

正所谓“工欲善其事，必先利其器”。施工中每道工序，每个施工阶段都要用到不同的施工机具，施工前均应备齐，有些工具还应多备几套，其主要包括以下机具：切割机、电焊机、台钻、自动攻丝机、弯管器、热熔机、角磨机、冲击电钻、手枪式电钻、台虎钳、手用套丝板、管子钳、钢锯弓、割管器、手锤、扳手、氧气乙炔瓶、葫芦、台式龙门钳、手动试压泵、氧气乙炔表、割炬、氧气乙炔皮管及钢卷尺、水平尺、水准仪、线坠等。

（三）施工作业条件

（1）所有预埋预留的孔洞已清理出来，其洞口尺寸和套管规格符合要求，坐标、标高正确。

（2）二次装修中确需在原有结构墙体、地面剔槽开洞安管的，不得破坏原建筑主体和承重结构，其开洞大小应符合有关规定，并征得设计者、业主和管理部门的同意。

（3）施工人员应遵守有关施工安全、劳动保护、防火、防毒的法律法规。

（4）施工现场临时用电用水应符合施工用电的有关规定。

（5）料、设备确认合格、准备齐全并送到现场。

（6）所有操作面的杂物、脚手架，模板已清干净，每层均有明确的标高线。

（7）所有沿地、沿墙暗装或在吊顶内安装的管道，应在未做饰面层或吊顶未封板前进行安装。

（四）施工组织准备

（1）合理安排施工，尽量实行交叉作业，流水作业，以避免产生窝工现象。

（2）施工时，相互之间应遵从小管让大管，有压管让无压管的原则，先难后易，先安主管，后安水平干管和支管。

（3）对于高档装修，可先做样板间，确认方案后，再行施工，避免返工。

（4）卫生间、厨房的暗埋管道，应有暗埋管道施工方案图，经业同意后方可施工，以避免不合理的盲目施工。

（5）每个分项（或分部、分区、分层）施工完，进行管道试压。特别是暗埋管道部分，应在隐蔽前做打压试验，经自检合格，并经业主、监理部门检查确认。

（6）施工过程中，按照施工程序，及时做好隐蔽记录，各项试验记录和自检自查质量记录。对有设计修改和变更的地方，及时做好现场变更签证。

（7）合理组织劳动用工。根据工程的施工进度，工程量完成情况，实行劳动力配置动态管理，有效推动安装工程的顺利完成。

（8）做到文明施工，服从各相关部门（如施工单位、监理及物业部门等）的监督、管理。注重生产安全，提高生产质量。

第二节　消火栓系统施工质量控制记录

一、室内消火栓系统施工质量管理记录

（一）消防给水管道和消防水箱布置质量管理

1.室内消防给水管道布置管理

（1）室内消火栓超过10个且室外消防用水量大于15L/s时，其消防给水管道应连成环状，至少应有2条进水管与室外管网或消防水泵连接。当其中一条进水管发生事故时，其余进水管应仍能供应全部消防用水量。

（2）高层建筑应设置独立的消防给水系统。室内消防竖管应连成环状，每根消防竖管的直径应按通过的流量经计算确定，但不应小于DN100。

（3）60m以下的单元式住宅建筑和60m以下、每层不超过8户、建筑面积不超过650m^{2}的塔式住宅建筑，当设2根消防竖管有困难时，可设1根竖管，但必须采用双阀双出口型消火栓。

（4）室内消火栓给水管网应与自动喷水灭火系统的管网分开设置；当合用

消防泵时，供水管路应在报警阀前分开设置。

（5）高层建筑，设置室内消火栓且层数超过4层的厂房（仓库），设置室内消火栓且层数超过5层的公共建筑，其室内消火栓给水系统和自动喷水灭火系统应设置消防水泵接合器。

消防水泵接合器应设置在室外便于消防车使用的地点，与室外消火栓或消防水池取水口的距离宜为15～40m。水泵接合器宜采用地上式，当采用地下式水泵接合器时，应有明显标志。消防水泵接合器的数量应按室内消防用水量计算确定。每个消防水泵接合器的流量宜按10～15L/s计算。消防给水为竖向分区供水时，在消防车供水压力范围内的分区，应分别设置水泵接合器。

（6）室内消防给水管道应采用阀门分成若干独立段。对于单层厂房（仓库）和公共建筑，检修停止使用的消火栓不应超过5个。对于多层民用建筑和其他厂房（仓库），室内消防给水管道上阀门的布置应保证检修管道时关闭的竖管不超过1根，但设置的竖管超过3根时，可关闭2根；对于高层民用建筑，当竖管超过4根时，可关闭不相邻的2根。

阀门应保持常开，并应有明显的启闭标志或信号。

（7）消防用水与其他用水合用的室内管道，当其他用水达到最大小时流量时，应仍能保证供应全部消防用水量。

（8）允许直接吸水的市政给水管网，当生产、生活用水量达到最大且仍能满足室内外消防用水量时，消防泵宜直接从市政给水管网吸水。

（9）严寒和寒冷地区非采暖的厂房（仓库）及其他建筑的室内消火栓系统，可采用干式系统，但在进水管上应设置快速启闭装置，管道最高处应设置自动排气阀。

2.消防水箱的设置管理

（1）设置常高压给水系统并能保证最不利点消火栓和自动喷水灭火系统等的水量和水压的建筑物，或设置干式消防竖管的建筑物，可不设置消防水箱。

（2）设置临时高压给水系统的建筑物应设置消防水箱（包括气压水罐、水塔、分区给水系统的分区水箱）。消防水箱的设置应符合下列规定：

①重力自流的消防水箱应设置在建筑的最高部位。

②消防水箱应储存10m^{3}的消防用水量。当室内消防用水量不大于25L/s，经计算消防水箱所需消防储水量大于12m^{3}时，仍可采用12m^3；当室内消防用水量大

于25L/s，经计算消防水箱所需消防储水量大于18m^{3}时，仍可采用18m^3。

③消防用水与其他用水合用的水箱应采取消防用水不作他用的技术措施。

④消防水箱可分区设置。并联给水方式的分区消防水箱容量应与高位消防水箱相同。

⑤除串联消防给水系统外，发生火灾后由消防水泵供给的消防用水不应进入消防水箱。

（3）建筑高度不超过100 m的高层建筑，其最不利点消火栓静水压力不应低于0.07MPa；建筑高度超过100m的建筑，其最不利点消火栓静水压力不应低于0.15MPa。当高位消防水箱不能满足上述静压要求时，应设增压设施。增压设施应符合下列规定：

①增压水泵的出水量，对消火栓给水系统不应大于5L/s；对自动喷水灭火系统不应大于1L/s。

②气压水罐的调节水容量宜为450L。

（4）建筑的室内消火栓、阀门等设置地点应设置永久性固定标识。

（5）建筑内设置的消防软管卷盘的间距应保证有一股水流能到达室内地面任何部位，消防软管卷盘的安装高度应便于取用。

（二）消火栓按钮安装质量控制

消火栓按钮安装于消火栓内，可直接接入控制总线。按钮还带有一对动合输出控制触点，可用来做直接起泵开关。

（三）消火栓布置与安装质量控制

1.室内消火栓布置安装控制要求

（1）除无可燃物的设备层外，设置室内消火栓的建筑物，其各层均应设置消火栓。单元式、塔式住宅建筑中的消火栓宜设置在楼梯间的首层和各层楼层休息平台上，当设2根消防竖管确有困难时，可设1根消防竖管，但必须采用双口双阀型消火栓。干式消火栓竖管应在首层靠出口部位设置，以便于消防车供水的快速接口和止回阀。

（2）消防电梯间前室内应设置消火栓。

（3）室内消火栓应设置在位置明显且易于操作的部位。栓口离地面或操作基面高度宜为1.1m，其出水方向宜向下或与设置消火栓的墙面呈90° 角；栓口与消火栓箱内边缘的距离不应影响消防水带的连接。

（4）冷库内的消火栓应设置在常温穿堂或楼梯间内。

（5）室内消火栓的间距应计算确定。对于高层民用建筑、高层厂房（仓库）、高架仓库，以及甲、乙类厂房，室内消火栓的间距不应大于30m；对于其他单层和多层建筑及建筑高度不超过24m的裙房，室内消火栓的间距不应大于50m。

（6）同一建筑物内应采用统一规格的消火栓、水枪和水带。每条水带的长度不应大于25m。

（7）室内消火栓的布置，应保证每一个防火分区同层有2支水枪的充实水柱同时到达任何部位。建筑高度不大于24m且体积不大于5000m^3的多层仓库，可采用1支水枪充实水柱到达室内任何部位。

水枪的充实水柱应经计算确定，甲、乙类厂房，层数超过6层的公共建筑和层数超过4层的厂房（仓库），不应小于10m；高层建筑、高架仓库，体积大于25000m^3的商店、体育馆、影剧院、会堂、展览建筑，车站、码头、机场建筑等，不应小于13m；其他建筑，不宜小于7m。

（8）高层建筑和高位消防水箱静压不能满足最不利点消火栓水压要求的其他建筑，应在每个室内消火栓处设置直接启动消防水泵的按钮，并应有保护设施。

（9）室内消火栓栓口处的出水压力大于0.5MPa时，应设置减压设施；静水压力大于1MPa时，应采用分区给水系统。

（10）设置室内消火栓的建筑，如为平屋顶时，宜在平屋顶上设置试验和检查用的消火栓，采暖地区可设在顶层出口处或水箱间内。

2.消火栓安装控制要求

（1）室内消火栓口距地面安装高度为1.1m。栓口出口方向宜向下或者与墙面垂直以便于操作，而且水头损失较小，屋顶应设检查用消火栓。

（2）建筑物设有消防电梯时，则在其前室应设置室内消火栓。

（3）同一建筑内应采用同一规格的消火栓、水带和水枪。消火栓口出水压力大于5×10^3Pa时，应设减压孔板或减压阀减压。为保证灭火用水，临时高压消火栓给水系统的每个消火栓处应设直接启动水泵的按钮。

（4）消防水喉用于扑灭在普通消火栓使用之前的初期火灾，只要求有一股水射流能到达室内地面任何部位，安装的高度应便于取用。

二、室外消火栓施工质量控制

（一）室外消火栓的施工质量控制条件

《建筑设计防火规范（2018年版）》（GB 50016-2014）规定，在进行城镇、居住区、企事业单位规划和建筑设计时，必须同时设计消防给水系统。但是对于耐火等级为一、二级且体积不超过3000m^{3}的戊类厂房或居住区人数不超过500人并且建筑物不超过2层的居住小区，消防用水量不大，通常消防队第一出动力量就能控制和扑灭火灾，当设置消防给水系统有困难时，为了节约投资，可以不设消防给水，其火场的消防用水问题由当地消防队解决。

消防给水系统是室外给水系统的一个重要组成部分。在有给水系统的城镇，大多数为消防与生活、生产用水系统合并，只有在合并不经济或者技术上不可能时，才采用独立的消防给水系统。合并的室外消防给水系统，其组成包括取水、净水、储水及输配水四部分工程设施。一般情况下，以地面水作为水源的给水系统比以地下水作为水源的给水系统要复杂。独立的室外消防给水系统，可以直接从水源取水。

当采用水泵直接串联时，应注意管网供水压力因接力水泵在小流量、高扬程时出现的最大扬程叠加。管道系统的设计强度应满足此要求。当采用水泵间接串联时，中间传输水箱同时起着上区水泵的吸水池和本区屋顶消防水箱的作用，其容积按15 ~ 30min消防水量计算确定，并不宜小于60m^3。

消防给水管网竖向分区，每区分别有各自专用的消防水泵，并集中设置在消防泵房内。减压阀减压分区给水系统。消防水泵的扬程不大于2.4MPa时，其间的竖向分区可采用减压阀减压分区，减压阀减压分区可采用比例式减压阀或可调式减压阀，比例式减压阀的阀前、阀后压力比一般不宜大于3∶1，当一级减压阀减压不能满足要求时，可采用减压阀串联减压，但不宜超过两级串联。减压水箱减压分区给水系统。消防水泵的扬程大于2.4MPa时，其间的竖向分区可采用减压水箱减压分区。减压水箱的有效容积一般不小于18m^3。减压水箱应有2条进水管，每条进水管应满足消防设计水量的要求。

（1）建筑面积大于300m^{2}的厂房（仓库）。对耐火等级为一、二级且可燃物较少的单层和多层丁、戊类厂房（仓库），耐火等级为三、四级且建筑体积小于或等于3000m^{3}的丁类厂房（仓库），粮食仓库、金库，可不设消火栓。

（2）体积大于5000m^{3}的车站、码头、机场的候车（船、机）楼以及展览建筑、商店、旅馆、病房楼、门诊楼、图书馆。

（3）特等、甲等剧场，超过800个座位的剧场和电影院等，超过1200个座位的礼堂、体育馆等。

（4）超过5层或体积超过10000m^{3}的办公楼、教学楼、非住宅类居住建筑等其他民用建筑。

（5）超过7层的住宅，应设置室内消火栓系统。当有困难时，可只设置干式消防竖管和不带消火栓箱的DN65室内消火栓。消防竖管的直径不得小于DN65。

（6）国家级文物保护单位的重点砖木或木结构的古建筑，宜设置室内消火栓。

（7）设有室内消火栓的人员密集的公共建筑以及低于上述（1）~（5）款规定规模的其他公共建筑，宜设置消防软管卷盘；建筑面积大于200m^{2}的商业服务网点应设置消防软管卷盘或轻便消防水栓。

（8）存有遇水能引起燃烧爆炸的物品的建筑物，以及室内没有生产、生活给水管道，室外消防用水取自储水池且建筑体积小于或等于5000m^{3}的其他建筑，可不设置室内消火栓。

（9）高层工业和民用建筑。

（10）建筑面积大于300m^{3}的人防工程或地下建筑。

（11）耐火等级为一、二级且停车数超过5辆的汽车库，停车数超过5辆的停车场，超过2个车位的Ⅳ类修车库，应设消防给水系统。但当停车数小于上述规定时，且建筑内有消防给水系统时，也应设置消火栓。

（二）室外消防给水系统的分类

室外消防给水系统，按消防水压要求分为高压消防给水系统、临时高压消防给水系统及低压消防给水系统；按用途分为：生活、消防合用给水系统，生活、生产和消防合用给水系统，生产、消防合用给水系统，独立的消防给水系统；按管网布置形式分为环状管网给水系统与枝状管网给水系统。

1.高压消防给水系统

高压消防给水系统，管网内经常维持足够高的压力，火场上不需使用消防车或者其他移动式消防水泵加压，由消火栓直接接出水带、水枪就能灭火。该系统适用于有可能利用地势设置高位水池或者设置集中高压水泵房的底层建筑群、建筑小区、城镇建筑及车库等对消防水压要求不高的场所。在此类系统中，室外高位水池的供水水量和供水压力能满足消防用水的需求。采用这种给水系统时，其管网内的压力，应确保生产、生活及消防用水量达到最大且水枪布置在保护范围之内任何建筑物的最高处，水枪的充实水柱不应小于10m。

2.临时高压消防给水系统

临时高压消防给水系统，管网内平时压力不高，在泵站（房）内设置高压消防水泵，一旦发生火灾，立刻启动消防水泵，临时加压使管网内的压力达到高压消防给水系统的压力要求。城镇、居住区及企事业单位的室外消防给水系统，在有可能利用地势设置高位水池时，或设置集中高压水压房，可采用高压消防给水系统。通常情况下，如无市政水源，区内水源取自自备井的情况之下，多采用临时高压消防给水系统。

高压和零时高压的消防给水系统给水管道，为保证供水安全，应与生产生活给水管道分开，设置独立消防管道，设计师应依据水源和工程的具体情况决定消防供水管道的形式。

3.低压消防给水系统

低压消防给水系统管网内压力比较低，火场上灭火时，水枪所需要的压力，由消防车或者其他移动式消防水泵加压形成。为满足消防车吸水的需要，低压给水管网最不利点消防栓压力应不小于0.1MPa。

建筑的低压室外消防给水系统可同生产、生活给水管道系统合并，合并后的水压应满足在任何情况下都能确保全部用水量。

（三）室外消火栓布置控制要求

1.室外消火栓的设置要求

室外消火栓的布置要求：室外消火栓应沿道路设置，宽度超过60m的道路，为防止水带穿越道路影响交通或被轧压，宜将消火栓在道路两侧布置，为使用方便，十字路口应设有消火栓。消火栓与路边的距离不应超过2m，距建筑物外墙不宜小于5m。此外，室外消火栓应沿高层建筑均匀设置，距离建筑外墙不宜大于40m。甲、乙、丙类液体储罐区及液化石油气储罐区的消火栓，均应设在防火堤外。

室外消火栓应沿高层建筑周围均匀布置，不宜集中布置在建筑物一侧。室外消火栓的间距不应大于120m，且保护半径不应大于150m；在市政消火栓保护半径150m以内，若室外消防用水量不超过15L/s，则可以不设置室外消火栓。

2.室外消火栓的数量控制

室外消火栓的数量应根据其保护半径及室外消防用水量等综合计算确定，每个室外消火栓的用水量应按10～15L/s计算；与保护对象的距离在5～40 m范围内的市政消火栓，可计入室外消火栓数量。

（四）室外消火栓的安装控制要求

室外消火栓分地上式和地下式两种。一般沿道路设置，当道路宽度大于60m时，宜在道路两边设置消火栓。地上式消火栓设置直径为150mm或100mm和两个直径为65mm的栓口，地下式设置直径为100mm和65mm的栓口各一个，并有明显标志。

1.室外地上式消火栓的安装控制要求

室外地上式消火栓安装时根据管道埋深的不同，选用不同长度的法兰接管。

2.室外地下式消火栓的安装控制要求

消火栓设置在阀门井内。阀门井内活动部件必须采取防锈措施。安装时，根据管道不同的埋深，选用不同长度的法兰接管。

（五）室外消火栓系统的调试质量控制要求

消火栓系统是最常用也是系统形式最简单的消防灭火设施。该系统在水压强度试验、水压严密性试验正常后，方可进行消防水泵的调试。

1.水压强度试验

消火栓系统在完成管道及组件的安装后，首先应进行水压强度试验。

（1）做水压试验时应考虑试验时的环境温度。环境温度不宜低于5℃，当低于5℃时，水压试验应采取防冻措施。

（2）当系统设计压力等于或小于1MPa时，水压强度试验压力应为设计工作压力的1.5倍，且不应低于1.4MPa；当系统设计工作压力超过1MPa时，水压强度试验压力应为该工作压力加0.4MPa。

（3）水压强度试验的测试点应设在系统管网的最低点。对管网注水时，应将管网内的空气排净，且应缓慢升压；达到试验压力后，稳压30min，目测管网应无泄漏和无变形，且压力降不应超过0.05MPa。

2.严密性试验

消火栓系统在进行完水压强度试验后应进行系统水压严密性试验。试验压力应为设计工作压力，稳压24h，应无泄漏。

3.系统工作压力设定

消火栓系统在系统水压和严密性试验结束后，进行稳压设施的压力设定，稳压设施的稳压值应保证最不利点消火栓的静压力值满足设计要求。当设计无要求时，最不利点消火栓的静压力应不小于0.2MPa。

4.静压测量

当系统工作压力设定后，下一步是对室内消火栓系统内的消火栓栓口静水压力和消火栓栓口的出水压力进行测量，静水压力不大于0.8MPa，出水压力≤0.5MPa。当测量结果大于以上数值时，应采用分区供水或增设减压装置（如减压阀），使静水压力和出水压力符合要求。

5.消防泵的调试

调试前在消防泵房内通过开闭有关阀门将消防泵出水和回水构成循环回路，保证试验时启动消防泵不会对消防管网造成超压；然后将消防泵控制装置转到手动状态，通过消防泵控制装置的手动按钮启动主泵，用钳形电流表测量启动电流，用秒表记录水泵从启动到正常出水运行的时间，该时间不应大于5min，如果启动时间过长，应调节启动装置内的时间继电器，减少降压过程的时间。主泵运行后观察主泵控制装置上的启动信号灯是否正常，水泵运行时是否有周期性噪声发出，水泵基础连接是否牢固，通过转速仪测量实际转速是否与水泵额定转速一致，通过消防泵控制装置上的停止按钮停止消防泵。

利用上述方法调试备用泵，并在主泵故障时备用泵应自动投入。结束以上工作后，将消防泵控制装置转入自动状态。消防泵本身属于重要被控设备，一般需要进行两路控制，即总线制控制（通过编码模块）和多线制直接启动。针对该设备调试时要从这两个方面入手：

（1）总线制调试可利用24V电源带动相应24V中间继电器线圈，观察主继电器是否吸合，同时用万用表测量消防泵控制柜中相应的泵运行信号回答端子（无源）是否导通。

（2）多线制直接启动调试可利用短路线短接消防泵远程启动端子（注意强电220V），观察主继电器是否吸合，同时用万用表测量泵直接启动信号回答端子（无源或有源220V），观察是否导通。对双电源自动切换装置实施自动切换，测量备用电源相序是否与主电源相序相同。利用备用电源切换时，消防泵应在1.5min内投入正常运行。

（六）消防水枪

消防水枪的功能是把水带内的均匀水流转化成所需流态，喷射到火场的物体上，达到灭火、冷却或防护的目的。按出水水流状态，消防水枪可分为直流水枪、喷雾水枪、开花水枪三类；按水流是否能够调节可分为普通水枪（流量和流态均不可调）、开关水枪（流量可调）、多功能水枪（流量和流态均可调）三类。

室内消火栓箱内一般配置直流式水枪，喷射柱状密集充实水流，具有射程远、水量大的特点。直流式水枪接口直径有50 mm和65 mm两种，喷嘴口径规格有13mm、16mm和19mm三种，13mm和16mm水枪可与50mm消火栓及消防水带配套使用，16mm和19mm水枪可与65mm消火栓及消防水带配套使用。发生火灾时，火场的辐射热使消防人员无法接近着火点，因此，要求从水枪喷出的水流应该具有足够的射程和消防流量到达着火点。消防水流的有效射程通常用充实水柱表述。

三、其他灭火设施的质量管理

（一）手提灭火器

1.灭火器配置场所

为了有效地扑救工业与民用建筑初期火灾，减少火灾损失，保护人身和财产的安全，需要合理配置建筑灭火器。《建筑灭火器配置设计规范》（GB 50140–

2005）适用于生产、使用或储存可燃物的新建、改建、扩建的工业与民用建筑工程存在可燃的气体、液体、固体等物质，需要配置灭火器的场所；不适用于生产或储存炸药弹药、火工品、花炮的厂房或库房。

2.灭火器的设置

灭火器应设置在位置明显和便于取用的地点，且不得影响安全疏散。对有视线障碍的灭火器设置点，应设置指示其位置的发光标志。灭火器的摆放应稳固，其铭牌应朝外。手提式灭火器宜设置在灭火器箱内或挂钩、托架上，其顶部离地面高度不应大于1.50m，底部离地面高度不宜小于0.08m。灭火器箱不得上锁。灭火器不宜设置在潮湿或强腐蚀性的地点。当必须设置时，应有相应的保护措施。灭火器设置在室外时，应有相应的保护措施。灭火器不得设置在超出其使用温度范围的地点。

（二）水喷雾灭火系统

水喷雾灭火系统利用喷雾喷头在一定压力下将水流分解成粒径在100～700μm之间的细小雾滴，通过表面冷却、窒息、乳化、稀释的共同作用实现灭火和防护。与自动喷水灭火系统相比，水喷雾灭火系统灭火效率高，适用范围广，在工程实践中对于火灾危险性大、蔓延速度快、火灾后果严重、扑救困难或需要全方位立体喷水以及为消除火灾威胁而喷水冷却的，采用水喷雾灭火系统是最理想的。

1.工作原理

水喷雾灭火系统的组成和工作原理与雨淋系统基本一致，其区别在于喷头的结构和性能不同：雨淋灭火系统采用标准开式喷头，水喷雾灭火系统则采用中速或高速喷雾喷头。相同体积的水以水雾滴形态喷出时，比射流形态喷出时的表面积大几百倍。当水雾滴喷射到燃烧表面时，因换热面积大而会吸收大量的热迅速汽化，使燃烧物质的表面温度迅速降到物质热分解所需要的温度以下，使热分解中断，燃烧即中止。水雾滴受热后汽化形成原体积1680倍的水蒸气，可使燃烧物质周围空气中的氧含量迅速降低，燃烧将会因缺氧而削弱或中断。当水雾滴喷射到正在燃烧的液体表面时，由于水雾滴的冲击，在液体表层起搅拌作用，从而造成液体表层的乳化。由于乳化层是不能燃烧的，故使燃烧中断。对于轻质油类，其乳化层只有在连续喷射水雾的条件下存在；对黏度大的重质油类，乳化层在喷射停止后保持相当长的时间，对防止复燃十分有利。对于水溶性液体火灾，可利用水雾稀释液体，使液体的燃烧速度降低而较易扑灭。

喷雾系统的灭火效率比喷水系统的灭火效率高，耗水量小，一般标准喷头的喷水量为1.33L/s，而细水雾喷头的流量为0.17L/s。由于水喷雾灭火的原理与喷水灭火存在差别，在分类时单列为水喷雾灭火系统。

2.系统的组成

水喷雾灭火系统由水源、高压给水设备、管道、雨淋阀、过滤器和水雾喷头等组成。

（1）水雾喷头在工作水压下利用离心力或机械撞击力将消防水按一定的雾化角均匀喷射成雾状，覆盖在被保护对象外表，达到灭火和冷却保护的目的。

（2）高压给水设备提供水 雾喷头所需的工作压力。

（3）过滤器当水雾喷头不带滤网时，除在报警阀前设过滤器外，还应在报警阀后加设过滤器。其他设施与雨淋喷水灭火系统相同。

3.设置范围

（1）单台容量在40MW及以上的厂矿企业可燃油浸电力变压器、单台容量在90MW及以上可燃油浸电厂电力变压器或单台容量在125MW及以上的独立变电所可燃油浸电力变压器。

（2）飞机发动机试验台的试车部分。

（3）高层建筑内的燃油、燃气锅炉房，可燃油浸电力变压器室，充可燃油的高压电容器和多油开关室，自备发电机房。

当采用雨淋阀控制同时喷雾的水雾喷头数量时，水喷雾灭火系统的计算流量应按系统中同时喷雾的水雾喷头的最大用水量确定。

（4）取计算流量的1.05～1.10倍作为系统设计流量，计算管网水头损失。

（5）根据最不利喷头的实际工作压力、最不利喷头与贮水池最低工作水位的高程差、设计流量下管路的总水头损失三者之和确定水泵扬程。

（三）洁净气体灭火系统

为保护大气臭氧层不被破坏，现已淘汰灭火效率较高的卤代烷灭火剂1301和1211，使用二氧化碳、三氟甲烷、七氟丙烷和惰性气体等洁净气体作为气体灭火系统的灭火剂。洁净气体灭火系统可用于扑救下列火灾：电气火灾、液体火灾或可熔化的固体火灾、灭火前应能切断气源的气体火灾、固体表面火灾。

洁净气体灭火系统不得使用于扑救下列物质的火灾：含氧化剂的化学制品及混合物，如硝化纤维、硝酸钠等；活泼金属，如钾、钠、镁、钛、锆、铀等；金属氢化物，如氢化钾、氢化钠等；能自行分解的化学物质，如过氧化氢、联胺等。

（四）泡沫灭火系统

泡沫灭火的工作原理是应用泡沫灭火剂，使其与水混溶后产生一种可漂浮，粘附在可燃、易燃液体或固体表面的泡沫，或者充满某一着火场所的空间，起到隔绝、冷却作用，使燃烧熄灭。泡沫灭火系统广泛应用于油田、炼油厂、油库、发电厂、汽车库、飞机库、矿井坑道等场所。泡沫灭火剂按其成分可分为化学泡沫灭火剂、蛋白泡沫灭火剂和合成型泡沫灭火剂三种类型。泡沫灭火系统按其使用方式可分为固定式、半固定式和移动式三种方式。按泡沫喷射方式又可分为液上喷射、液下喷射和喷淋三种方式。按泡沫发泡倍数还可分为低倍、中倍和高倍三种方式。发泡倍数在20倍以下的称为低倍数泡沫灭火系统，发泡倍数在21～200倍的称为中倍数泡沫灭火系统，发泡倍数在201～2000倍的称为高倍数泡沫灭火系统。

第三节　自动喷水灭火系统施工质量控制记录

一、自动喷水灭火系统定义

自动喷水灭火系统，是指利用加压设备，将水通过管网送至带有热敏元件的喷头，喷头在火灾的热环境中自动开启喷水灭火，同时能够发出火警信号的自动灭火系统，是当今世界上公认的最为有效、应用最广泛、用量最大的自动灭火系统。

从灭火效果看，凡发生火灾可以用水灭火的场所，均可以使用自动喷水灭火系统。但鉴于我国的经济发展状况，仅要求对发生火灾频率高、火灾危险等级高的建筑中某些部位安装自动喷水灭火系统。自动喷水灭火系统应在人员密集、不易疏散、外部增援灭火与救援较困难或火灾危险性较大的场所中设置。规范同时又规定自动喷水灭火系统不适用于存在较多下列物品的场所：

（1）遇水发生爆炸或加速燃烧的物品；

（2）遇水发生剧烈化学反应或产生有毒有害物质的物品；

（3）洒水将导致喷溅或沸溢的液体。

二、自动喷水灭火系统的类型

自动喷水灭火系统可以用于各种建筑物中允许用水灭火的场所及保护对象，根据被保护建筑物的使用性质、环境条件和火灾发展及发生特性的不同，自动喷水灭火系统可以有多种不同类型，工程中常常根据系统中喷头开闭形式的不同，将自动喷水灭火系统分为开式与闭式两大类。

属于闭式自动喷水灭火系统的有湿式系统、干式系统、预作用系统、重复启闭预作用系统及自动喷水—泡沫联用灭火系统。属于开式自动喷水灭火系统的有水幕系统、雨淋系统及水雾系统。

（一）闭式自动喷水灭火系统

1.湿式自动喷火灭火系统

湿式自动喷水灭火系统一般由管道系统、闭式喷头、湿式报警阀、水流指示器、报警装置和供水设施等组成。火灾发生时，在火场温度作用下，闭式喷头的感温元件温度满足指定的动作温度后，喷头开启喷水灭火，阀后压力下降，湿式阀瓣打开，水经延时器之后通向水力警铃，发出声响报警信号，与此同时，水流指示器及压力开关也将信号传送到消防控制中心，经系统判断确认火警后将消防水泵启动向管网加压供水，实现持续自动喷水灭火。

湿式自动喷水灭火系统具有施工和管理维护方便、使用可靠、结构简单、灭火速度快、控火效率高及建设投资少等优点。但其管路在喷头中始终充满水，因此，一旦发生渗漏会损坏建筑装饰，应用受环境温度的限制，适合安装在温度不高于70℃，并且不低于4℃且能用水灭火的建（构）筑物内。

2.干式自动喷水灭火系统

干式自动喷水灭火系统由管道系统、闭式喷头、水流指示器、干式报警阀、报警装置、充气设备、排气设备及供水设备等组成。王式喷水灭火系统由于报警阀后的管路中无水，不怕环境温度高，不怕冻结，所以适用于环境温度低于4℃或高于70℃的建筑物及场所。

干式自动喷水灭火系统同湿式自动喷水灭火系统相比，增加了一套充气设备，管网内的气压要经常保持在一定范围内，因而管理较为复杂，投资较多。喷水前需排放管内气体，灭火速度不如湿式自动喷水灭火系统快。

3.干湿式自动喷火灭火系统

干湿两用自动喷水灭火系统是干式自动喷水灭火系统和湿式自动喷水灭火系统交替使用的系统。其组成包括闭式喷头、管网系统、干湿两用报警阀、信号阀、水流指示器、末端试水装置、充气设备和供水设施等。干湿两用系统在使用场所环境温度高于70℃或者低于4℃时，系统为干式；环境温度在4～70℃时，可将系统转换成湿式系统。

4.预作用自动喷水灭火系统

预作用自动喷水灭火系统由管道系统、雨淋阀、闭式喷头、火灾探测器、报警控制装置、控制组件、充气设备及供水设施等部件组成。

预作用系统在雨淋阀以后的管网中平时充氮气或者低压空气，可避免由于系统破损而造成的水渍损失。另外这种系统有能在喷头动作前及时报警并转换成湿式系统的早期报警装置，克服了干式喷水灭火系统必须待喷头动作，完成排气之后才可以喷水灭火，从而延迟喷水时间的缺点。但预作用系统比干式系统或湿式系统多一套自动探测报警和自动控制系统，建设投资多，构造较为复杂。对于要求系统处于准工作状态时严禁系统误喷、严禁管道漏水、替代干式系统等场所，应采用预作用系统。

5.自动喷水—泡沫联用灭火系统。

在普通湿式自动喷水灭火系统中并联一个钢制带橡胶囊的泡沫罐，橡胶囊内装轻水泡沫浓缩液，在系统中配控制阀和比例混合器就成了自动喷水—泡沫联用灭火系统。

该系统的特点是闭式系统采用泡沫灭火剂，使自动喷水灭火系统的灭火性能强化了。当采用先喷水后喷泡沫的联用方式时，前期喷水起控火作用，后期喷泡沫可以强化灭火效果；当采用先喷泡沫后喷水的联用方式时，前期喷泡沫起灭火作用，后期喷水可达到冷却和防止复燃效果。该系统流量系数大，水滴穿透力强，可以有效地用于高堆货垛和高架仓库、柴油发动机房、燃油锅炉房及停车库等场所。

6.重复启闭预作用系统

重复启闭预作用系统是在预作用系统的基础上发展起来的。此系统不但能自动喷水灭火，而且能在火灾扑灭后自动关闭系统。重复启闭预作用系统的工作原理和组成相似于预作用系统，不同之处是重复启闭预作用系统采用了一种既可以在环境恢复常温时输出灭火信号，又可输出火警信号的感温探测器。当感温探测器感应到环境的温度超出预定值时报警，将具有复位功能的雨淋阀打开和开启供水泵，为配水管道充水，在喷头动作后喷水灭火。在喷水情况下，当火场温度恢复到常温时，探测器发出关停系统的信号，按设定条件延迟喷水一段时间后停止喷水，关闭雨淋阀。如果火灾复燃、温度再次升高时，系统则再次启动，直至彻底灭火。

重复启闭预作用系统优于其他喷水灭火系统，但造价高，通常只适用于灭火后必须及时停止喷水，要求减少不必要水渍的建筑，如集控室计算机房、电缆间、配电间及电缆隧道等。

（二）开式自动喷水灭火系统

1.雨淋喷水灭火系统

雨淋系统采用开式洒水喷头，由雨淋阀控制喷水范围，通过配套的火灾自动报警系统或者传动管系统监测火灾，并自动启动系统灭火。发生火灾时，火灾探测器将信号送到火灾报警控制器，压力开关、水力警铃一起报警，控制器输出信号打开雨淋阀，同时启动水泵连续供水，使整个保护区内的开式喷头喷水灭火。雨淋系统可由电气控制启动、传动管控制启动或者手动控制。传动管控制启动包括湿式和干式两种方法。

2.水幕消防给水系统

水幕消防给水系统主要由开式喷头、水幕系统控制设备及探测报警装置、供水设备，以及管网等组成。

3.水喷雾灭火系统

水喷雾灭火系统是用水喷雾头取代雨淋灭火系统中的干式洒水喷头而形成的。水喷雾是水在喷头内冲撞、回转及搅拌后喷射出为细微的水滴形成的。它具有较好的冷却、窒息与电绝缘效果，灭火效率高，可扑灭电气设备火灾、液体火灾、石油加工厂火灾，多用于变压器火灾等。

三、自动喷水灭火系统施工质量控制措施

（一）管网安装

1.管网连接

管子基本直径小于或等于100mm时，应采用螺纹连接；当管网中管子基本直径大于100mm时，可用焊接或法兰连接。连接后，均不得减小管道的通水横断面面积。

2.管道支架、吊架、防晃支架的安装

管道支架、吊架、防晃支架的安装应符合下列要求：

（1）管道的安装位置应符合设计要求。

（2）管道应固定牢固。

（3）管道支架、吊架、防晃支架的形式、材质、加工尺寸及焊接质量等应符合设计规定。

（4）管道吊架、支架的安装位置不应妨碍喷头的喷水效果；管道支架、吊架与喷头之间的距离不宜小于300mm，与末端喷头之间的距离不宜大于750mm。

（5）竖直安装的配水干管应在其始端和终端设防晃支架或采用管卡固定，其安装位置距地面或楼面的距离宜为1.5 ~ 1.8m。

（6）当管子的基本直径等于或大于50m时，每段配水干管或配水管设置防晃支架不应少于1个；当管道改变方向时，应增设防晃支架。

（7）配水支管上每一直管段、相邻两喷头间的管段设置的吊架不应少于1个；当喷头之间距离小于1.8m时，吊架可隔段设置，但吊架的间距不宜大于3.6m。

（8）管道穿过建筑物的变形缝时，应设置柔性短管。穿过墙体或楼板时应加设套管，套管长度不得小于墙体厚度，或应高出楼面或地面50 mm，管道的焊

接环缝不得置于套管内。套管与管道的间隙应采用不燃材料填塞密实。

（9）管道水平安装宜有一定的坡度，且应坡向排水管；当局部区域难以利用排水管将水排净时，应采取相应的排水措施。当喷头少于5只，可在管道低凹处装加堵头，当喷头多于5只时，宜装设带阀门的排水管。

（10）配水干管、配水管应做红色或红色环圈标志，目的是便于识别自动喷水灭火系统的供水管道。着红色与消防器材色标规定一致。

（11）管网在安装中断时，应将管道的敞口封闭，目的是防止安装时造成异物自然或人为地进入管道，堵塞管网。

（二）喷头安装

（1）喷头安装应在系统试压、冲洗合格后进行。

（2）喷头安装时，不得对喷头进行拆装、改动，并严禁给喷头附加任何装饰性涂层。

（3）喷头安装应使用专用扳手，严禁利用喷头的框架施拧；喷头的框架、溅水盘产生变形或释放原件损伤时，应采用规格、型号相同的喷头更换。

（4）安装在易受机械损伤处的喷头，应加设喷头防护罩。

（5）喷头安装时，溅水盘与吊顶、门、窗、洞口或障碍物的距离应符合设计要求。

（6）安装前检查喷头的型号、规格，使用场所应符合设计要求。

（7）当喷头的公称直径小于10mm时，应在配水干管或配水管上安装过滤器。

（8）当梁、通风管道、排管、桥架宽度大于1.2m时，增设的喷头应安装在其腹面以下部位。

（三）报警阀组安装

（1）报警阀组的安装应在供水管网试压、冲洗合格后进行。安装时应先安装水源控制阀、报警阀，然后进行报警阀辅助管道的连接。水源控制阀、报警阀与配水干管的连接应使水流方向一致。报警阀组安装的位置应符合设计要求；当设计无要求时，报警阀组应安装在便于操作的明显位置，距室内地面高度宜为1.2m。两侧与墙的距离不应小于0.5m，正面与墙的距离不应小于1.2m，报警阀组凸出部位之间的距离不应小于0.5m。安装报警阀组的室内地面应有排水设施。

（2）报警阀组附件的安装应符合下列要求：

①压力表应安装在报警阀上便于观测的位置。

②排水管和试验阀应安装在便于操作的位置。

③水源控制阀安装应便于操作，且应有明显开闭标志和可靠的锁定设施。

④在报警阀与管网之间的供水干管上，应安装由控制阀、检测供水压力、流量用的仪表及排水管道组成的系统流量压力检测装置，其过水能力应与系统过水能力一致；干式报警阀组、雨淋报警阀组应安装检测时，水流不进入系统管网的信号控制阀门。

（3）湿式报警阀组的安装应符合下列要求：

①应使报警阀前后的管道中能顺利充满水；压力波动时，水力警铃不应发生误报警。

②报警水流通路上的过滤器应安装在延迟器前且便于排渣操作的位置。

（4）干式报警阀组的安装应符合下列要求：

①应安装在不发生冰冻的场所。

②安装完成后，应向报警阀气室注入高度为50～100mm的清水。

③充气连接管接口应在报警阀气室充注水位以上部位，且充气连接管的直径不应小于15mm，止回阀、截止阀应安装在充气连接管上。

④气源设备的安装应符合设计要求和国家现行有关标准的规定。

⑤安全排气阀应安装在气源与报警阀之间，且应靠近报警阀。

⑥加速器应安装在靠近报警阀的位置，且应有防止水进入加速器的措施。

⑦低气压预报警装置应安装在配水干管一侧。

⑧下列部位应安装压力表：报警阀充水一侧和充气一侧；空气压缩机的气泵和储气罐上；加速器上。

⑨管网充气压力应符合设计要求。

（5）雨淋阀组的安装应符合下列要求：

①雨淋阀组可采用电动开启、传动管开启或手动开启，开启控制装置的安装应安全可靠。水传动管的安装应符合湿式系统有关要求。

②预作用系统雨淋阀组后的管道若需充气，其安装应按干式报警阀组有关要求进行。

③雨淋阀组的观测仪表和操作阀门的安装位置应符合设计要求，并应便于观测和操作。

④雨淋阀组手动开启装置的安装位置应符合设计要求，且在发生火灾时应能安全开启和便于操作。

⑤压力表应安装在雨淋阀的水源一侧。

（四）其他组件安装

1.主控项目

（1）水流指示器的安装应符合下列要求：

①水流指示器的安装应在管道试压和冲洗合格后进行，水流指示器的规格、型号应符合设计要求。

②水流指示器应使电器元件部位竖直安装在水平管道上侧，其动作方向应和水流方向一致；安装后的水流指示器桨片、膜片应动作灵活，不应与管壁发生碰擦。

（2）控制阀的规格、型号和安装位置均应符合设计要求；安装方向应正确，控制阀内应清洁、无堵塞、无渗漏；主要控制阀应加设启闭标志；隐蔽处的控制阀应在明显处设有指示其位置的标志。

（3）压力开关应竖直安装在通往水力警铃的管道上，且不应在安装中拆装改动。管网上的压力控制装置的安装应符合设计要求。

（4）水力警铃应安装在公共通道或值班室附近的外墙上，且应安装检修、测试用的阀门。水力警铃和报警阀的连接应采用热镀锌钢管，当镀锌钢管的公称直径为20mm时，其长度不宜大于20m；安装后的水力警铃启动时，警铃声强度应不小于70dB。

（5）末端试水装置和试水阀的安装位置应便于检查、试验，并应有相应排水能力的排水设施。

2.一般项目

（1）信号阀应安装在水流指示器前的管道上，与水流指示器之间的距离不宜小于300mm。

（2）排气阀的安装应在系统管网试压和冲洗合格后进行；排气阀应安装在配水干管顶部、配水管的末端，且应确保无渗漏。

（3）节流管和减压孔板的安装应符合设计要求。

（4）压力开关。信号阀、水流指示器的引出线应用防水套管锁定。

（5）减压阀的安装应符合下列要求：

①减压阀安装应在供水管网试压、冲洗合格后进行。

②减压阀安装前应检查，规格型号应与设计相符；阀外控制管路及导向阀各连接件不应有松动；外观应无机械损伤，并应清除阀内异物。

③减压阀水流方向应与供水管网水流方向一致。

④应在进水侧安装过滤器，并宜在其前后安装控制阀。

⑤可调式减压阀宜水平安装，阀盖应向上。

⑥比例式减压阀宜垂直安装；当水平安装时，单呼吸孔减压阀其孔口应向下，双呼吸孔减压阀其孔口应呈水平位置。

⑦安装自身不带压力表的减压阀时，应在其前后相邻部位安装压力表。

（6）多功能水泵控制阀的安装应符合下列要求：

①安装应在供水管网试压、冲洗合格后进行。

②在安装前应检查：规格型号应与设计相符；主阀各部件应完好；紧固件应齐全、无松动；各连接管路应完好，接头紧固；外观应无机械损伤，并应清除阀内异物。

③水流方向应与供水管网水流方向一致。

④出口安装其他控制阀时应保持一定间距，以便于维修和管理。

⑤宜水平安装，且阀盖向上。

⑥安装自身不带压力表的多功能水泵控制阀时，应在其前后相邻部位安装压力表。

⑦进口端不宜安装柔性接头。

（7）倒流防止器的安装应符合下列要求：

①应在管道冲洗合格以后进行。

②不应在倒流防止器的进口前安装过滤器或者使用带过滤器的倒流防止器。

③宜安装在水平位置，当竖直安装时，排水口应配备专用弯头。倒流防止器宜安装在便于调试和维护的位置。

④倒流防止器两端应分别安装闸阀，而且至少有一端应安装挠性接头。

⑤倒流防止器上的泄水阀不宜反向安装，泄水阀应采取间接排水方式，其排水管不应直接与排水管（沟）连接。

⑥安装完毕后，首次启动使用时，应关闭出水闸阀，缓慢打开进水闸阀，待阀腔充满水后，缓慢打开出水闸阀。

第四节　室内排水系统施工质量控制

一、排水系统材料质量要求

室内排水工程中地下排水管道和室内排水立管及横支管在安装前，所用材料的质量和施工条件，必须符合设计和施工条件的要求。室内地下、地上管道排水工程所用的管材包括铸铁管、碳素钢管、预应力钢筋混凝土管、钢筋混凝土管、混凝土管、陶土管、缸瓦管和硬聚氯乙烯塑料管。雨水管道，宜使用排水铸铁管、钢管、钢筋混凝土管、混凝土管、缸瓦管和排水塑料管。

排水工程用的管材材质、规格必须按设计要求选用，要求质量符合要求，有出厂合格证。铸铁排水管及管件的规格品种应符合设计要求。灰口铸铁管的管壁薄厚均匀，内外光滑整洁，无浮砂、包砂、粘砂，更不允许有砂眼、裂纹、飞刺和疙瘩。承插口的内外径及管件造型规格，法兰接口平整、光洁、严密，地漏和返水弯的扣距必须一致，不得有偏扣、乱扣、方扣、丝扣不全等现象。镀锌碳素钢管及管件管壁内外镀锌均匀，无锈蚀，内壁无飞刺，管件无偏扣、乱扣、方扣、丝扣不全、角度不准等现象。塑料管材和管件的颜色应一致，无色泽不均及分解变色线；管材的内外壁应光滑、平整、无气泡、无裂口、无明显的痕纹和凹陷等缺陷；管材的端面必须平整，并垂直于轴线。

接口材料：水泥、石棉、膨胀水泥、石膏、氯化钙、油麻、耐酸水泥、青铅、塑料胶接剂、胶圈、塑料焊条、碳钢焊条等，接口材料有相应的出厂合格证、材质单和复验单等资料。

防腐材料：沥青、汽油、防锈漆、沥青漆等，应按设计要求选用。对于上述所有进场材料和管配件，监理工程师必须严格检查，检查各种材料的产品合格证，质保书和试验审核单，审核实物与书面资料的一致性。室内排水管材及配件若质量不符合要求，监理工程师有权不予签认。

二、施工安装过程质量监控内容

室内地下、地上排水工程安装技术和质量要求，应达到正常运行，保证安装结构的牢固稳定和排水功能的顺利畅通。因此，排水工程应按以下要求进行施工和质量监控。

（一）室内排水管道敷设原则

1.排水管应满足最佳水力条件

（1）卫生器具排水管与排水横支管可用90° 斜三通连接。

（2）横管与横管（或立管）的连接，宜采用45° 或90° 斜三（四）通，不得采用正三（四）通。

（3）排水立管不得不偏置时，宜采用乙字弯管或两个45° 弯头连接。

（4）立管与排出管的连接，宜采用两个45° 弯头或弯曲半径不小于4倍管径的90° 弯头。

（5）排出管与室外排水管道连接时，前者管顶标高应大于后者；连接处的水流转角不小于90°，若有大于0.3m的落差可不受角度的限制。

（6）最低排水横支管直接连接在排水横干管或排出管上时，连接点距排水横干管弯头位置不得小于3m。

（7）排水横管应尽量做直线连接，减少弯头。

（8）排水立管宜设在杂质、污水排放量最大处。

2.排水管应满足维修便利和美观要求

（1）排水管道一般应在地下埋设，或在楼板上沿墙、柱明设，或吊设于楼板下；当建筑或工艺有特殊要求时，排水管道可在管槽、管井、管沟及吊顶内暗设。

（2）为便于检修，必须在立管检查口设检修门，管井应每层设检修门与平台。

（3）架空管道应尽量避免通过民用建筑的大厅等建筑艺术和美观要求较高

的地方。

3.排水管应保证生产及使用安全

（1）排水管道的位置不得妨碍生产操作、交通运输和建筑物的使用。

（2）排水管道不得布置在遇水能引起燃烧、爆炸或损坏的原料、产品与设备的上面。

（3）架空管道不得吊设在生产工艺或对卫生有特殊要求的厂房内。

（4）架空管道不得吊设在食品仓库、贵重物品仓库、通风小室以及配电间内。

（5）排水管应避免布置在饮食业厨房的主副食操作、烹调的上方，不能避免时应采取防护措施。

（6）生活污水立管应尽量避免穿越卧室、病房等对卫生、安静要求较高的房间，并避免靠近与卧室相邻的内墙。

（7）排水管穿过地下室外墙或地下构筑物的墙壁处，应采取防水措施。

（二）施工条件

室内地下排水管道和室内排水管道在施工时，必须保证下列施工条件。

（1）图纸已经会审且技术资料齐全，已进行技术、质量和安全交底。

（2）土建基础工程基本完成，管沟已按图纸要求挖好，其位置、标高、坡度经检查符合工艺要求，沟基做了相应的处理并已达到施工要求强度。

（3）基础及过墙穿管的孔洞已按图纸位置、标高和尺寸预留好。

（4）地下管道铺设完，各立管甩头已按施工图和有关规定正确就位。

（5）各层卫生器具的样品已进场，进场的材料、机具能保证连续施工。

（6）工作应在干作业条件下进行，如遇特殊情况下施工时，应按设计要求，制定出施工措施。

（三）一般技术和质量要求

1.管道基础和管座（墩）

排水管道埋设在地下部分，管道基础土严禁松散，应进行夯实，保证土的密实性。管座（墩）设置的位置正确、稳定性好，防止因加载之后受力不均，造成断口漏水，影响使用功能。

2.生活污水管管径

管道直径必须与设计图相符合，如设计不明确时，可参照下列的应用场所和要求予以选用。

（1）除个别洗脸盆、浴盆和妇女卫生盆等排泄较洁净污水的卫生器具排出管，可采用管径小于50mm的管材外，其余室内排水管管径均不得小于50mm。

（2）对于排泄含大量油脂、泥沙、杂质的公共食堂排水管，干管管径不得小于100mm，支管管径不得小于75mm。

（3）对于含有棉花球、纱布杂物的医院（住院处）卫生间内洗涤盆或污水池的排水管，以及易结污垢的小便槽排水管等，管径不得小于75mm。

（4）对于连接有大便器的管道，即使仅有一个大便器，其管径仍不小于100mm。

（5）对于大便槽的排出管，管径应不小于150mm。

3.通气管的设置

（1）通气管不得与风道或烟道连接，通气管高出屋面不得小于300mm，但必须大于最大积雪厚度。

（2）在通气管出口4m以内有门、窗时，通气管应高出门、窗顶600mm或引向无门、窗一侧。

（3）在上人停留的平屋面上，通气管应高出屋面2m，如采用金属管时，一般应根据防雷要求设防雷装置。

（4）通气管出口不宜设在建筑物挑出部分（檐口、阳台和雨篷等）的下面。

4.排水管材的连接方法

排水管材的选用和接头连接方法，应按设计要求进行，当设计无明确规定时，应按照下述要求进行。

（1）铸铁管：排水铸铁管比给水铸铁管的管壁薄，管径50～200mm，不能承受高压，常用于生活污水管和雨水管等。其优点是耐腐蚀、耐久性好，缺点是性脆、自重大、长度短。接口为承插式，一般采用石棉水泥、膨胀水泥、水泥等材料接口连接。

（2）焊接钢管：用在卫生器具排水支管及生产设备的非腐蚀性排水支管，管径小于或等于50mm时，可采用焊接或配件螺纹、法兰等连接。

（3）陶土管：陶土管具有良好的耐腐蚀性能，适用于排除弱酸性生产污水。一般采用水泥承插接口，水温不高时，可采用沥青玛瑞脂接口。缺点是管材机械强度较低，不宜设置在荷载大或振动大的地方。

（4）耐酸陶瓷管：适用于排除强酸性污水，一般用承插式耐酸砂浆接口。

（5）无缝钢管：用于检修困难、机器设备振动大的地方以及管道内压力较高的非腐蚀性排水管，接口一般为焊接或法兰连接。

5.排水管件

排水工程常用的主要管件的应用范围和连接要求如下：

（1）弯头：用于管道转弯处，使管道改变方向，弯头的角度有90° 和45° 两种，一般排水工程宜用45° 弯头，不宜用90° 弯头，因后者易产生排水阻力堵塞排水管道。

（2）乙字弯管：排水立管在室内距墙比较近，但下面的基础比墙要宽，为了绕过基础或其他障碍物而转向时，常用乙字弯管连接。

（3）存水弯：存水弯也叫水封，设在卫生器具下面的排水支管上。使用时，由于存水弯中经常存有水，可防止排水管道中的气体进入室内。存水弯有S形和P形两种。

（4）三通：用于两条管道汇合处，有正三通、顺流三通和斜三通三种。

（5）四通：用在三条管道汇合处，有正四通和斜四通两种。

（6）管箍：管箍也叫套袖或接轮，用于将两段排水直管连在-起。

（四）硬聚氯乙烯塑料管及管件的连接和质量监控

建筑排水用硬聚氯乙烯（PVC-U）管材、管件是以PVC树脂为主要原料，加入专用助剂，在制管机内经挤出和注射成型而成。其物理性能优良，耐腐蚀，抗冲击强度高，流体阻力小，不结垢，内壁光滑，不易堵塞，并达到建筑材料难燃性能要求，耐老化，使用寿命长。室内及埋地使用寿命可达50年以上，户外使用达50年。此外PVC-U管材还具有质量轻，便于运输、储存和安装，造价低，且便于维修等优点，广泛适用于建筑物内排水系统；在考虑管材的耐化学性和耐热性的条件下，也可用于工业排水系统。硬聚氯乙烯管道连接方法：室内排水工程硬聚氯乙烯管道常用的连接方法有黏合剂承接接口、焊接连接接口和法兰配件连接等。各种连接的技术要求如下：

（1）黏合剂承插连接：

①排水用硬聚氯乙烯塑料管承插接口，采用粘接剂时，粘接剂的理化性能，必须符合产品说明书和设计要求。

②伸缩节：安装排水用硬聚氯乙烯塑料管的伸缩节，供热胀冷缩补偿，以防止塑料管因温度变化引起伸缩，造成管道的变形和损坏。因此，安装排水用硬聚氯乙烯塑料管道时，必须按设计要求的位置和数量装设膨胀伸缩节。

（2）焊接连接：

①焊接管端必须具有25°～45°的坡口；管道焊接表、面应清洁、平整，如采用搭接焊时，应将焊接处表面刮出麻面。

②焊接时，焊条与焊缝两侧应均匀受热，外观不得有弯曲、断裂、烧焦和宽窄不一等缺陷。

③要求焊条与焊件熔化良好，不允许有浮盖、重积等缺陷。

④塑料焊条应符合下列规定：焊条的直径，应根据管道的壁厚选择，管壁厚度小于4mm时，焊条直径为2mm；管壁厚度为4～16mm时，焊条直径为3mm；厚度大于16mm时，焊条直径为4mm；焊条材质与母材的材质相同；焊条弯曲（试验）180°时不应断裂，但在弯曲处允许有发白现象；焊条表面光滑无凸瘤，切断面必须紧密均匀，无气孔与夹杂物。

（3）法兰连接：硬聚氯乙烯塑料排水管采用法兰连接时，是在管端截面边缘用焊接连接法兰；或将管端加热到140～145°C，采用手工翻边或用模具压制成法兰，再将钢法兰套在管道法兰处用螺栓连接；或在塑料管翻边法兰上钻孔，将翻边法兰间用螺栓直接连接。

（五）排水工程施工质量监控内容

1.一般规定

室内排水工程施工质量监控的主要内容是控制坐标、标高、坡度、坡向和检查口、清扫口的位置是否正确。

（1）坐标、标高：坐标和标高是排水管道安装控制的重点，它是确保排水性能和使用功能的主要要求。

①排水管网的坐标和标高是指管道的起点、终点、井位点和分支点以及各点之间的直线管段所要求的正确位置。

②排水管道安装过程中，应严格控制管网的坐标和标高。

（2）坡度：排水管道安装坡度必须符合设计要求，保证泄水通畅。铸铁排水管道的标准坡度和最小坡度。

（3）坡向：排水管道横支管在预制和安装时的坡向，必须符合泄水的流向。

（4）检查口、清扫口的作用是管道内的沉淀物造成堵塞时检查与清扫之用。

2.室内排水工程施工质量监控要点

（1）埋地管道施工控制要点埋地管道必须铺设在未经扰动的坚实土层上，或铺设在按设计要求需经夯实的松散土层上；管道及管道支墩或管道支撑不得铺设在冻土层和未经处理的扰动的松土上；沟槽内遇有块石要清除；沟槽要平直，沟底要夯实平整，坡度符合要求；穿过建筑基础时要预先留好管洞。

（2）暗装管道（包括设备层、管道竖井、吊顶内的管道）首先应该核对各种管道的标高、坐标，其次管道排列有序，符合设计图纸要求。

（3）室内明装管道要在与土建结构进度相隔1～2层的条件下进行安装，室内地坪线、标高和房间尺寸线应弹好，在粗装修工序已完、无其他障碍下进行安装。

（六）排水管道施工质量监控

1.室内地下埋设管道施工质量监控

室内地下管道的施工质量监控是指在底层埋设时的管控。安装时应根据设计图纸要求和器具、立管、清扫口等位置的实际情况，测量其尺寸，按要求的规格进行预制连接，同时将管沟挖好夯实。将管放入管沟内，找好坡度、位置、尺寸，稳固找正，并将需要的接管口工作坑挖好，而后将接往器具、清扫口、立管等处的管道分别按位置尺寸接至所需高度，再将所有接口连接，然后将管两侧填土踩实，留出管口以便试水检查。安装后，将甩头和排出口均应堵盖好，防止污物流入管内。地下埋设管道安装后，水泥强度达到80%，进行灌水试验检查。

2.排水立管施工质量监控

排水立管是用以排泄建筑物上层的污水，把横支管排出的污水经立管送到出户管。一般排水立管不小于50mm。为了便于管道承口填塞操作，立管承口与墙净距为不小于30mm。安装时，预先在现场用线锤找出立管中心线，用粉笔画在墙上。对于本楼层，则从上层楼板往上量出安装支管高度；再由此处用尺往下量出本层立管接横管的三通口，求出立管尺寸，配出立管；将管临时立起，再用线锤吊直与三通口找正，把立管临时固定，然后用粉笔把部件的接触点和连接点在现场标出，把整个部件编号。对个别部件可先行预制，再与直管部分连接。整个立管从底层装配到屋顶间为止，并用铁钩加以固定。装立管时承口向上，在离地面1m处设检查口，以清扫立管。

排水立管是聚集来自各个器具污水的排水管道，要求立管的垂直度不能偏差太大，否则会产生阻力或改变流体形状，造成上层管道内出现负压，下层产生正压，这将导致上下各层的水封全部失效，形成气塞或水塞，发生管锤振动现象，破坏管道及接口，使管道渗漏。

管道的接口一律用素灰打口，灰面不得超出承口平面。排水立管穿过楼板时，不得随意打洞和破坏楼板钢筋，以免影响结构强度从而造成严重的事故。立管安装必须考虑与支管连接的可能性和排水是否畅通、连接是否牢固，用于立管连接的零件都必须是45° 斜三通，弯头一律采用45° 的，所有立管与排出管连接时，要用两个45° 弯头，底部应做混凝土支座。为了防止在多工种交叉施工中将碎砖、木块、灰浆等杂物掉入管道内，在安装立管时，不应从+0.00开始，应是+0.00 ~ +1.00m处的管段暂不连接，待抹灰工程完成后，再将该段连接好。这样，就基本杜绝了在施工中造成堵塞的现象。

立管最上面的一段伸出屋顶，其作用是连通大气，使室内排水管网中的有害气体排到大气中，此外还有防止水封被破坏。其管径应比立管管径大50mm；伸出屋面距离为0.7m，并在上端加设通气帽。

3.排水支管施工质量监控

安装支管时，必须符合排水设备的位置、标高的具体要求。支管安装需要有一定的坡度，为了使污水能够畅通地流入立管。支管的连接件，不得使用直角三通、四通和弯头，承口应逆水安装。对地下埋设和楼板下部明装支管，要事先按照图纸要求多做预制，尽量减少死口。接管前，应将承口清扫干净，并打掉表面上的毛刺，插口向承口内安装时，要观察周边的间隙是否均匀，在一般情况下，其间隙不能小于8 ~ 10mm。打完口后再用塞刀将其表面压平压光。支管安装的吊钩，可安在墙上或楼板上，其间距不能大于1.5m。

4.排水短管施工质量监控

短管安装施工时首先应准确定出长度，短管与横支管连接时均有坡度要求，因此，即使卫生器具相同，其短管长度也各不相同，它的尺寸都需要实际量出。大便器的短管要求承口露出楼板30～50mm，测量时应以伸出长度加上楼板厚度及至横管三通承口内总长度计算；对拖布槽、小便斗及洗脸盆等短管长度，也应采用这个方法量出。短管在地面上切断后便可安装卫生器具。

5.出户管施工质量监控

出户管的作用是接受一根或几根立管的污水排到室外检查井。出户管的长度应按管径比例确定：当管径100mm以下时，不应超过10m；当管径100mm及以上时，长度不得超过15m。要直线敷设，不能拐弯和突变管径。

安装时应将第一根管的插口插入检查井壁孔中，按要求的坡度，使管口边与检查井内表面相平，所连接排水管的下壁应比检查井的流水面高出一个管径，然后依次将管道排至屋的外墙与内部排水管相连接。经检查标高、坡度符合要求后，填塞好接头，并按规定认真做好养护。

6.室内雨水管道施工质量监控

雨水管道的作用与排水管道大体相同，这种管道用于民用建筑很少，一般适用于工业厂房和公共建筑。其安装的方法及要求如下：

（1）室内雨水管道的组成部分是：雨水漏斗、水平分支管、出户管、检查井等。雨水漏斗安装在屋面上，收集屋面上的雨水、雪水。它的功能是能够迅速地排出屋面上的积水，其安装位置是在天沟内最低处。雨水漏斗的安装，必须与其他有关工种密切合作，才能保证质量；否则会造成屋面漏水而影响生活和生产功能的使用。

（2）雨水排水立管安装位置，一般取柱子中心，在公共建筑中沿间墙敷设。在空中悬吊的水平横向管道的长度，最长不超过15m，其坡度不小于0.005；当大于15m时需安设检查口。在平屋顶安装雨水漏斗时，一般漏斗之间的距离不能超过12m。横向管道不得跨越房屋的伸缩缝。

（3）雨水管道不能与生活污水管道相连接，但生产废水允许与雨水管道相连接。

（4）雨水立管距地面1m处应装设检查口。密闭雨水管道系统的埋地管，应在靠立管处设水平检查口。高层建筑的雨水立管在地下室或底层向水平方向转弯的弯头下面，应设支墩或支架，并在转弯处设检查口。

7.通气管施工质量监控

通气管施工的优劣，和使用功能的好坏有着直接关系。通气管的主要作用，是将管道内产生和散发的有害气体畅通无阻地排到大气中，并且保护室内卫生器具的水封不被破坏。

因此，做好通气管的安装，对整个排水系统十分重要。对于只有一个卫生器具或几个卫生器具并联起来集中共用一个水封时，这样的系统可以不安装通气立管。但在下列情况下，必须安装辅助式通气立管或专用通气立管以及环形通气管。

（1）对于横管的长度大于12m，且沿横管的方向上装有4个以上的卫生器具时，应安装辅助通气立管。

（2）大便器安装超过6个，而且安装在同一管线上时，应安装辅助通气管或环形通气管。

（3）虽然数量未超过上述要求，但因为要求较高，如高层建筑、高级公共建筑，也可安装辅助通气立管。

8.成品保护工作

室内排水管道在灌水和通球试验合格后，应按下列要求做好成品保护工作。

（1）灌水和通球试验合格后，从室外排水口放净管内存水。

（2）将灌水试验临时接出的短管全部拆除，各管口恢复到原位，拆管时严防污物落入管内。

（3）用木塞、盲板等临时堵塞封闭管口，确保堵塞物不能落入管内。

（4）管口临时封闭后，应立即对管道进行防腐、防露等处理，并对管道进行隐蔽。凡不当时隐蔽者，应采取有效防护措施，否则应重做灌水和通球试验。

（5）地下管道灌水合格后进行回填土前，对低于回填土面高度的管口，应作出明显标志，在分项工程交工前按回填尺寸要求进行全部回填。

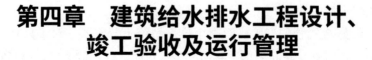

第四章　建筑给水排水工程设计、竣工验收及运行管理

第一节　设计程序和设计内容

一、设计程序

建筑工程的立项，一般需要建设单位（甲方）根据建筑工程要求，提出申请报告或工程计划任务书，说明建设用途、规模、标准、投资估算和工程建设年限，并申报政府建设主管部门批准，列入年度基建计划。经建设主管部门批准后，由建设单位委托设计单位进行工程设计。在上级批准的建设单位的申请报告，设计任务书及有关文件齐备的条件下，设计单位才可接受设计任务，开始组织设计工作。建筑给水排水工程是整个建设工程设计的一部分，其程序与整体工程设计是一致的。

二、设计内容

一般的工程设计项目可划分为两个阶段：初步设计阶段和施工图设计阶段。技术复杂、规模较大或较重要的工程项目，可分为方案设计、初步设计和施工图设计三个阶段。

（1）进行方案设计时，应从建筑总图上了解建筑平面位置、建筑层数及用途、建筑外形特点、建筑物周围地形和道路情况。还需要了解市政给水管道的具体位置，接引入管处管段的管径、埋深、水压、水量及管材等情况；了解市政排水管道的具体位置，出户管接入点的检查井标高、排水管径、管材、坡度、坡向及排水体制等情况。必要时，应到现场勘查和测量，以掌握准确的原始资料。根据建筑使用性质，计算总用水量，并确定给水、排水设计方案；向建筑专业设计人员提供给水排水设备的安装位置、占地面积等，如水泵房、锅炉房、水池、水箱等。编写方案设计说明书，一般应包括以下内容：

①设计依据；

②建筑物的用途、性质及规模；

③给水系统：说明给水用水定额及总水量，选用的给水系统和给水方式，引入管平面位置及管径，升压、贮水设备的选择与布置等；

④饮用净水系统：说明饮用净水用水定额、供水方式、水质处理工艺、加压贮水设备的选择与布置等；

⑤排水系统：说明选用的排水体制和排水方式，出户管的位置及管径，污、废水抽升和局部处理构筑物的选择和位置，以及雨水的排出方式等；

⑥建筑中水系统：说明中水原水的种类、水量、处理工艺，中水供水系统的形式，中水的水量调节设施和加压设备的选择等；

⑦热水系统：说明热水用水定额，热水总用水量，热水供水方式、循环方式，热媒及热媒耗量，锅炉房及水加热器的选择与布置等；

⑧消防系统：说明消防系统的选择，消防给水系统的用水量，以及升压、贮水设备的选择与布置等。方案设计完毕，在建设单位认可并报主管部门审批后，可进行初步设计工作。

（2）初步设计是将方案设计的内容更确切、更完整地用图纸和说明书体现出来。主要包括以下内容：

①给水排水总平面图：应反映出室内管网与室外管网的连接形式，包括室外生活给水、消防给水、中水供水、排水及热水管网的具体平面位置和走向。图上应标注各种检查井、管径、地面标高、管道埋深和坡度、控制点坐标以及管道布置间距等。通常采用的比例尺为1∶500。

②平面布置图：表达各系统管道和设备的平面位置。通常采用的比例尺为1∶100，如管线复杂时可放大至1∶50～1∶20。图中应标注各种管道、附件、卫生器具、用水设备和立管的平面位置及编号，以及管道管径和坡度等。通常是把各系统的管道绘制在同一张平面布置图上。当系统大而复杂，在同一张平面图上

表达不清时，也可分别绘制平面布置图。

③系统图：用于表达整个系统管道、设备的空间位置和相互关系。各类管道的系统图要分别绘制，图中标注应与平面布置图一致，一般标注管径、立管和设备编号、管道和附件的标高及管道坡度等。

④设备材料表：列出各种设备、附件、管道配件和管材的型号、规格和数量，供概（预）算和材料统计使用。

⑤初步设计说明书：包括计算书和设计说明两部分。计算书包括各个系统的水力计算和设备选型计算；设计说明主要说明各种系统的设计特点和技术性能，各种设备、附件、管材的选用要求及所需采取的技术措施（如水泵房的防震、防噪声技术要求等）。

在初步设计完成后，可进入施工图设计阶段。

（3）在初步设计图纸的基础上，补充表达不完善和施工过程中必须绘制的施工详图。主要包括以下内容：

①卫生间详图。包括平面图和管道系统图。

②贮水池和高位水箱的工艺尺寸和接管详图。

③泵房机组及管路平面布置图、工艺流程图和必要的剖面图。

④管井的管线布置图。

⑤设备基础留洞位置及详细尺寸图。

⑥必要的管道节点和非标准设备的位置详图。

⑦施工说明。施工说明是施工图的重要组成部分，用图形和符号在图纸上难以表达清楚的要用必要的文字加以说明，如选用的管材，防腐、防冻、防结露技术措施和方法，管道的固定、连接方法，管道试压、竣工验收要求及一些施工中特殊技术处理措施，施工要求采用的技术规程、规范和采用的标准图号，工程图中所采用的图例等。所有图纸应统一编号，列出图纸目录，以便查阅和存档。

三、与其他有关专业设计人员的相互配合

为确保整体设计工作的顺利进行，各专业应相互配合、协同工作，给水排水专业设计人员应向其他专业设计人员提供必要的技术资料、数据及工艺要求，以免发生技术上的冲突和遗漏。

（1）向建筑专业设计人员提供：水池、水箱的位置、容积和工艺尺寸要

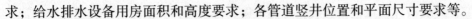

求；给水排水设备用房面积和高度要求；各管道竖井位置和平面尺寸要求等。

（2）向结构专业设计人员提供：水池、水箱的具体工艺尺寸，水的荷重；预留孔洞位置及尺寸（如梁、板、基础或地梁等预留孔洞）等。

（3）向采暖、通风专业设计人员提供：热水系统最大时耗热量；蒸汽接管和冷凝接管位置；泵房及一些设备用房的温度和通风要求等。

（4）向电气专业设计人员提供：水泵机组用电量，用电等级；水泵机组自动控制要求，水池和水箱的最高水位和最低水位；其他自动控制要求，如消防的远距离启动、报警等要求。

（5）向经济管理专业人员提供：材料、设备表及文字说明；设计图纸；协助提供掌握的有关设备单价。

四、管线工程综合设计原则

一幢建筑物的完整设计涉及多种设施的布置、敷设与安装，所以布置各种设备、管道时应统筹兼顾，合理布局，做到既能满足各专业的技术要求，又布置整齐有序，以便于施工和以后的维修。为达到上述目的，给水排水专业人员应注意与其他专业密切配合、相互协调。

（1）城市工程管线综合规划中有多达十几种管线，但作为建筑小区，常见的工程管线主要有六种，即给水管道、排水管道、电力线路、电话线路、热力管道和煤气管道。城市开发中提到的“七通一平”中“七通”即指上述六种管道和道路贯通。六种常见管道是小区工程管线综合布置的主要研究对象，这些工程管线的设计通常是由各自独立的专业设计单位承担的，首先就是收集各专业包括道路现状的规划设计资料，故在组团内布置给水支管、接户管和排水支管时，应注意和其他管线的综合协调。

（2）综合布置地下管线产生矛盾时，应按下列避让原则处理：压力管让自流管；管径小的让管径大的；易弯曲的让不易弯曲的；临时性的让永久性的；工程量小的让工程量大的；新建的让现有的；检修次数少的、方便的让检修次数多的、不方便的。

（3）管线共沟敷设应符合下列规定：热力管不应与电力、通信电缆和压力管道共沟；排水管道应布置在沟底，当沟内有腐蚀性介质管道时，排水管道应位于其上面；腐蚀性介质管道的标高应低于沟内其他管线；火灾危险性属于甲、乙、丙类的液体，液化石油气，可燃气体，毒性气体和液体以及腐蚀性介质管道不应共沟敷设，并严禁与消防水管共沟敷设；凡有可能产生互相影响的管线不应共沟敷设。

（4）管道在管沟内的布置：管沟有通行和不通行管沟之分。不通行管沟的管线应沿两侧布置，中间留有施工空间，当遇事故时，检修人员可爬行进入管沟检查管线。

（5）吊顶内管线的布置：由于吊顶内空间较小，管线布置时应考虑施工的先后顺序，安装操作距离，支、托、吊架的空间和预留维修检修的余地。管线安装一般是先装大管，后装小管；先固定支、托、吊架，后安管道。

第二节　建筑给水排水工程竣工验收

一、建筑给水系统竣工验收

（一）验收步骤及要求

（1）建筑内部给水系统施工安装完毕，进行竣工验收时，应出具施工图纸（包括选用的标准图集及通用图集）和设计变更、施工组织设计或施工方案、材料和制品的合格证或试验记录、设备和仪表的技术性能证明书、水压试验记录、隐蔽工程验收记录和中间验收记录及单项工程质量评定表等文件。

（2）暗装管道的外观检查和水压试验应在隐蔽前进行。保温管道的外观检查和试验应在保温前进行。无缝钢管可带保温层进行水压试验，但在试验前焊接接口和连接部分不应保温，以便进行直观检查；在冬季进行水压试验时，应采取防冻措施（北方地区），试压后应放空管道中的存水。

（3）室内直埋给水管道（塑料管道和复合管道除外）应做防腐处理，埋地管道的防腐层材质和结构应符合设计要求。

（4）地下室或地下构筑物外墙有管道穿过的，应采取防水措施。对有严格防水要求的建筑物，必须采用柔性防水套管。

（5）在同一房间内，同类型的卫生器具及管道配件，除有特殊要求外，应安装在同一高度上。

（6）明装管道成排安装时，直线部分应互相平行。曲线部分：当管道水平或垂直并行时，应与直线部分保持等距；管道水平或上下并行时，弯管部分的曲率半径应一致。

（7）管道支、吊、托架安装位置应正确，埋设应平整牢固，与管道接触紧密，滑动支架应灵活，纵向活动量符合设计要求。

（8）建筑内部给水管道系统，在试验合格后，方可与室外管网或室内加压泵房连接。

（二）给水系统的质量检查

建筑内部给水系统应根据外观检查和水压试验的结果进行验收。

（1）建筑内部生活饮用水和消防系统给水管道的水压试验必须符合设计要求，当设计未注明时，各种材质的给水管道系统试验压力均为工作压力的1.5倍，但不得小于0.6MPa。水压试验的方法按下列规定进行：金属及复合管给水管道系统在试验压力下观测10min，压力降不应大于0.02MPa，然后降到工作压力进行检查，应不渗不漏；塑料管给水管道系统应在试验压力下稳压1h，压力降不得超过0.05MPa，然后在工作压力的1.15倍状态下稳压2h，压力降不得超过0.03MPa，同时保证各连接处不得渗漏。

（2）管道及管件焊接的焊缝外形尺寸应符合图纸和工艺的规定，焊缝高度不得低于母材表面，焊缝与母材应圆滑过渡；焊缝及热影响表面应无裂纹、未熔合、未焊透、夹渣、弧坑和气孔等缺陷。可用水平尺和尺量检查。

（3）给水水平管道应有0.002～0.005的坡度坡向泄水装置。可用水平尺和尺量检查。

（4）管道、阀件、水表和洁具的安装是否正确及有无漏水现象。

（5）生活给水及消防给水系统的通水能力。建筑内部生活给水系统按设计要求同时开放最大数量配水点是否全部达到额定流量。高层建筑可根据管道布置采取分层、分区段的通水试验。

（6）给水设备安装工程验收时，应注意以下事项：

①水泵就位前的基础混凝土强度、坐标、标高、尺寸和螺栓孔位置必须符合设计规定，应对照图纸用仪器和尺量检查。

②水泵试运转的轴承温升必须符合设备说明书的规定，可通过温度计实测检查。

③立式水泵的减振装置不应采用弹簧减振器。

④敞口水箱的满水试验和密闭水箱（罐）的水压试验必须符合设计规定。检查方法：满水试验静置24h观察，不渗不漏；水压试验在试验压力下10min压力不降，不渗不漏。

⑤水箱支架或底座安装，其尺寸及位置应符合设计规定，埋设平整牢固。

⑥水箱溢流管和泄放管应设置在排水地点附近，但不得与排水管直接连接。

二、建筑消防系统竣工验收

建筑消防系统竣工后，应进行工程竣工验收，验收不合格不得投入使用。

（一）验收资料

（1）批准的竣工验收申请报告、设计图纸、公安消防监督机构的审批文件、设计变更通知单、竣工图；

（2）地下及隐蔽工程验收记录，工程质量事故处理报告；

（3）系统试压、冲洗记录；

（4）系统调试记录；

（5）系统联动试验记录；

（6）系统主要材料、设备和组件的合格证或现场检验报告；

（7）系统维护管理规章、维护管理人员登记表及上岗证。

（二）消防系统供水水源的检查验收要求

（1）应检查室外给水管网的进水管管径及供水能力，并检查消防水箱和水池容量，均应符合设计要求。

（2）当采用天然水源做系统的供水水源时，其水量、水质应符合设计要求，并应检查枯水期最低水位时确保消防用水的技术措施。

（三）消防泵房的验收要求

（1）消防泵房设置的应急照明、安全出口应符合设计要求。

（2）工作泵、备用泵、吸水管、出水管及出水管上的泄压阀、信号阀等的规格、型号、数量应符合设计要求；当出水管上安装闸阀时应锁定在常开位置。

（3）消防水泵应采用自灌式引水或其他可靠的引水措施。

（4）消防水泵出水管上应安装试验用的放水阀及排水管。

（5）备用电源、自动切换装置的设置应符合设计要求。打开消防水泵出水管上放水试验阀，当采用主电源启动消防水泵时，消防水泵应启动正常；关掉主电源，主、备电源应能正常切换。

（6）设有消防气压给水设备的泵房，当系统气压下降到设计最低压力时，通过压力开关信号应能启动消防水泵。

（7）消防水泵接合器数量及进水管位置应符合设计要求，消防水泵接合器应进行充水试验，且系统最不利点的压力、流量应符合设计要求。

（四）建筑内部消火栓灭火系统的验收要求

（1）建筑内部消火栓灭火系统控制功能验收时，应在出水压力符合现行国家有关建筑设计防火规范的条件下进行，并应符合下列要求：

①工作泵、备用泵转换运行1～3次；

②消防控制室内操作启、停泵1～3次；

③消火栓处操作启泵按钮按5%～10%的比例抽验。以上控制功能应正常，信号应正确。

（2）建筑内部消火栓系统安装完成后，应取屋顶（北方一般在屋顶水箱间等室内）试验消火栓和首层取两处消火栓做试射试验，达到设计要求为合格。

（3）安装消火栓水龙带，水龙带与水枪和快速接头绑扎好后，应根据箱内构造将水龙带挂放在箱内的挂钉、托盘或支架上。

（4）箱式消火栓的安装应符合下列规定：

①栓口应朝外，并不应安装在门轴侧；

②栓口中心距地面为1.1m，允许偏差±20mm；

③阀门中心距箱侧为140mm，距箱后内表面为100mm，允许偏差±5mm；

④消火栓箱体安装的垂直度允许偏差为3mm。

（五）自动喷水灭火系统的验收要求

（1）自动喷水灭火系统控制功能验收时，应在符合现行国家标准《自动喷水灭火系统设计规范》（GB 50084–2017）的条件下，抽验下列控制功能：

①工作泵与备用泵转换运行1～3次；

②消防控制室内操作启、停泵1～3次；

③水流指示器、闸阀关闭器及电动阀等按实际安装数量的10%～30%进行末端放水试验。

上述控制功能、信号均应正常。

（2）管网验收要求：

①管道的材质、管径、接头及采取的防腐、防冻措施应符合设计规范及设计要求。

②管道横向安装宜设0.002～0.005的坡度，且应坡向排水管；当局部区域难以利用排水管将水排净时，应采取相应的排水措施。当喷头数量小于或等于5个时，可在管道低凹处加设堵头；当喷头数量大于5个时，宜装设带阀门的排水管。

③管网系统最末端、每一分区系统末端或每一层系统末端设置的末端试水装置，预作用和干式喷水灭火系统设置的排气阀应符合设计要求。

④管网不同部位安装的报警阀、闸阀、止回阀、电磁阀、信号阀、水流指示器、减压孔板、节流管、减压阀、压力开关、柔性接头、排水管、排气阀、泄压阀等均应符合设计要求。

⑤干式喷水灭火系统容积大于1500L时设置的加速排气装置应符合设计要求和规范规定。

⑥预作用喷水灭火系统充水时间不应超过3min。

⑦报警阀后的管道上不应安装其他用途的支管或水龙头。

（3）报警阀组验收要求：

①报警阀组的各组件应符合产品标准要求。

②打开放水试验阀，测试的流量、压力应符合设计要求。

③水力警铃的设置位置应正确。测试时，水力警铃喷嘴处压力不应小于0.05MPa，且距水力警铃3m处警铃声声强不应小于70dB（A）。

④打开手动放水阀或电磁阀时，雨淋阀组动作应可靠。

⑤控制阀均应锁定在常开位置。

⑥与空气压缩机或火灾报警系统的联动程序应符合设计要求。

（4）喷头验收要求：

①喷头的规格、型号，喷头安装间距，喷头与楼板、墙、梁等的距离应符合设计要求；

②有腐蚀性气体的环境和有冰冻危险场所安装的喷头，应采取防护措施；

③有碰撞危险场所安装的喷头应加防护罩；

④喷头公称动作温度应符合设计要求。

（5）报警阀组的安装：报警阀组应安装在便于操作的明显位置，距室内地面高度宜为1.2m；两侧与墙壁的距离不应小于0.5m；正面与墙的距离不应小于1.2m；安装报警阀组的室内地面应有排水设施；报警阀应安装在报警阀组系统一侧，安装系统调试、供水压力和供水流量检测用的仪表、管道及控制阀，管道过水能力应与系统过水能力一致；当供水压力和供水流量检测装置安装在水泵房时，干式报警阀组、雨淋报警阀组应在报警阀组一侧安装控制阀门；压力表应安装在报警阀上便于观测的位置，排水管和试验阀应安装在便于操作的位置，水源控制阀应便于操作，且应有明显的启闭标志和可靠的锁定设施。

（6）消防水泵接合器的组装应按接口、本体、连接管、止回阀、安全阀、放空管、控制阀的顺序进行。止回阀的安装方向应使消防用水能从消防水泵接合器进入系统。

消防水泵接合器应符合下列规定：应安装在便于消防车接近的人行道或非机动车行驶地段；地下消防水泵接合器应采用铸有“消防水泵接合器”标志的铸铁井盖，并在附近设置指示其位置的固定标志；地上消防水泵接合器应设置与消火栓区别的固定标志；墙壁消防水泵接合器的安装高度宜为1.1m；与墙面上的门、窗、孔、洞的净距不应小于2.0m，且不应安装在玻璃幕墙下方；地下消防水泵接合器的安装，应使进水口与井盖底面的距离不大于0.4m，且不应小于井盖的半径。

（7）水力警铃应安装在公共通道或值班室附近的外墙上，且应安装检修、测试用阀门。水力警铃与报警阀的连接应采用镀锌钢管，当镀锌钢管的公称直径为15mm时，其长度不应大于6 m；当镀锌钢管的公称直径为20mm时，其长度不应大于20m。安装后的水力警铃启动压力不应小于0.05MPa。

（8）水流指示器的安装应符合下列要求：水流指示器的安装应在管道试压和冲洗合格后进行，水流指示器的规格、型号应符合设计要求；水流指示器应竖直安装在水平管道上侧，其动作方向应和水流方向一致；安装后的水流指示器桨片、膜片应动作灵活，不应与管壁发生碰擦。

（9）信号阀应安装在水流指示器前的管段上，与水流指示器的距离不宜小于300mm。

（10）系统进行模拟灭火功能试验应符合以下要求：

①报警阀动作，警铃鸣响；

②水流指示器动作，消防控制中心有信号显示；

③压力开关动作，信号阀开启，空气压缩机或排气阀启动，消防控制中心有信号显示；

④电磁阀打开，雨淋阀开启，消防控制中心有信号显示；

⑤消防水泵启动，消防控制中心有信号显示；

⑥加速排气装置投入运行；

⑦其他消防联动控制系统投入运行；

⑧区域报警器、集中报警控制盘有信号显示。

（六）卤代烷、泡沫、二氧化碳、干粉等灭火系统验收要求

卤代烷、泡沫、二氧化碳、干粉等灭火系统验收时，应在符合现行各有关系统设计规范的条件下按实际安装数量的20%～30%抽验下列控制功能：

（1）人工启动和紧急切断试验1～3次；

（2）与固定灭火设备联动控制的其他设备（包括关闭防火门窗、停止空调风机、关闭防火阀、落下防火幕等）试验1～3次；

（3）抽一个防护区进行喷放试验（卤代烷系统应采用氮气等介质代替）。

上述试验控制功能、信号均应正常。

（七）消防给水系统的试压与冲洗

管网安装完毕后，应对其进行强度试验、严密性试验和冲洗。强度试验和严密性试验宜用水进行。干式喷水灭火系统、预作用喷水灭火系统应做水压试验和

气压试验。

1.水压试验

水压试验时环境温度不宜低于5℃，当低于5℃时，水压试验应采取防冻措施；当系统设计工作压力等于或小于1.0MPa时，水压强度试验压力应为设计工作压力的1.5倍，并不低于1.4MPa；当系统设计工作压力大于1.0MPa时，水压强度试验压力应为工作压力+0.4MPa。

水压强度试验的测试点应设在系统管网的最低点。对管网注水时，应将管网内的空气排净，并应缓慢升压，达到试验压力后，稳压30min，目测管网应无泄漏和变形，且压力降不应大于0.05MPa。水压严密性试验应在水压强度试验和管网冲洗合格后进行。试验压力应为设计工作压力，稳压24h，应无泄漏。自动喷水灭火系统的水源干管、进户管和室内埋地管道应在回填前单独地或与系统一起进行水压强度试验和水压严密性试验。

2.气压试验

气压试验的介质宜采用空气或氮气；气压严密性试验的试验压力应为0.28MPa，且稳压24h，压力降不应大于0.01MPa。

3.冲洗

管网冲洗所采用的排水管道应与排水系统可靠连接，其排放应畅通和安全。排水管道的截面面积不得小于被冲洗管道截面面积的60%；管网冲洗的水流速度和流量不应小于系统设计的水流流速和流量；管网冲洗宜分区、分段进行；水平管网冲洗时其排水管位置应低于配水支管；配水干管的地上管道与地下管道连接前，应在配水干管底部加设堵头后，对地下管道进行冲洗。管网冲洗应连续进行，当出水口处水的颜色、透明度与入水口处水的颜色、透明度基本一致时为合格。管网冲洗的水流方向应与灭火时管网的水流方向一致。管网冲洗结束后，应将管网内的水排除干净，必要时可采用压缩空气吹干。

三、热水供应系统竣工验收

建筑内部热水供应系统验收的一般规定与建筑内部给水系统基本相同。

（一）热水供应系统水压试验

热水供应系统安装完毕，管道保温之前应进行水压试验，试验压力应符合设计要求。当设计未注明时，热水供应系统水压试验压力应为系统顶点的工作压力+0.1MPa，同时在系统顶点的试验压力不小于0.3MPa。检验方法：钢管或复合管道系统试验压力下10min内压力降不大于0.02MPa，然后降到工作压力检查，压力应不降，且不渗不漏；塑料管道系统在试验压力下稳压1h，压力降不得超过0.05MPa，然后在工作压力1.15倍状态下稳压2 h，压力降不得超过0.03MPa，连接处不得渗漏。

（二）建筑内部热水供应系统质量检查

验收热水供应系统时，应重点检查以下各项：

（1）管道的走向、坡向、坡度及管材规格是否符合设计图纸要求。

（2）管道连接件、支架、伸缩器、阀门、泄水装置、放气装置等位置是否正确；接头是否牢固、严密等；阀门及仪表是否灵活、准确；热水温度是否均匀，是否达到设计要求。

（3）热水供应系统应保温（浴室内明装管道除外），保温材料、厚度、保护壳等应符合设计规定。

（4）热水供水、回水及凝结水管道系统在投入使用前必须进行清洗，以清除管道内的焊渣、锈屑等杂物，一般在管道压力试验合格后进行。对于管道内杂质较多的管道系统，可在压力试验后进行清洗。

清洗前，应将管道系统的流量孔板、滤网、温度计、调节阀阀芯等拆除，待清洗合格后重新装上。如管道分支较多、末端截面较小时，可将干管中的阀门拆掉1~2个，分段进行清洗；如管道分支不多，排水管可以从管道末端接出，排水管截面面积不应小于被冲洗管道截面面积的60%。排水管应接至排水井或排水沟，并应保证排泄和安全。冲洗时，以系统可能达到的最大压力和流量进行，直到出口处的水色透明度与入口处检测一致为合格。

四、管道直饮水系统竣工验收

（一）竣工验收内容

（1）系统的通水能力检验，按设计要求同时开放的最大数量的配水点应全部达到额定流量；

（2）循环系统的循环水应顺利回到机房水箱内，并达到设计循环流量；

（3）系统各类阀门的启闭灵活性和仪表指示的灵敏性；

（4）系统工作压力的正确性；

（5）管道支、吊架安装位置和牢固性；

（6）连接点或接口的整洁、牢固和密封性；

（7）控制设备中各按钮的灵活性，显示屏显示字符的清晰度；

（8）净水设备的产水量应达到设计要求；

（9）如采用臭氧消毒，净水机房内空气的臭氧浓度应符合现行国家标准《室内空气质量标准》（GB/T 18883-2022）的规定。

（二）水质验收

经卫生监督管理部门检验，水质应符合国家现行标准《饮用净水水质标准》（CJ/T 94-2005）的规定。

（三）管道试压

（1）管道安装完成后，应分别对立管、连通管及室外管段进行水压试验。系统中不同材质的管道应分别试压。水压试验必须符合设计要求。不得用气压试验代替水压试验。

（2）当设计未注明时，各种材质的管道系统试验压力应为管道工作压力的1.5倍，且不得小于0.60MPa。暗装管道必须在隐藏前进行试压及验收。热熔连接管道水压试验应在连接完成24h后进行。

（3）金属及复合管道系统在试验压力下观察10min，压力降不应大于0.02MPa，然后降到工作压力进行检查，管道及各连接处不得渗漏。

（4）塑料管道在试验压力下稳压1h，压力降不得大于0.05MPa，然后在工作压力的1.15倍状态下稳压2 h，压力降不得大于0.03MPa，管道及各连接处不得渗漏。

（5）净水水罐（箱）应做满水试验。

（四）清洗和消毒

（1）管道直饮水系统试压合格后应对整个系统进行清洗和消毒。

（2）直饮水系统冲洗前，应对系统内的仪表、水嘴等加以保护，并将有碍冲洗工作的减压阀等部件拆除，用临时短管代替，待冲洗后复位。

（3）管道直饮水系统应采用自来水进行冲洗。冲洗水流速宜大于2m/s，冲洗时应保证系统中每个环节均能被冲洗到。系统最低点应设排水口，以保证系统中的冲洗水能完全排出。清洗标准为冲洗出口处（循环管出口）的水质与进水水质相同。

（4）直饮水系统较大时，应利用管网中设置的阀门分区、分幢、分单元进行冲洗。

（5）用户支管部分的管道使用前应再进行冲洗。

（6）在系统冲洗的过程中，应同时根据水质情况进行系统的调试。

（7）直饮水系统经冲洗后，应采用消毒液对管网灌洗消毒。消毒液可采用含20～30mg/L的游离氯或过氧化氢溶液，或其他合适的消毒液。

（8）循环管出水口处的消毒液浓度应与进水口相同，消毒液在管网中应滞留24h以上。

（9）管网消毒后，应使用直饮水进行冲洗，直至各用水点出水水质与进水口相同为止。

（10）净水设备的调试应根据设计要求进行。石英砂、活性炭应经清洗后才能正式通水运行；连接管道等正式使用前应进行清洗消毒。

（五）系统竣工验收合格后施工单位应提供的文件资料

（1）施工图、竣工图及设计变更资料；

（2）管材、管件及主要管道附件的产品质量保证书；

（3）管材、管件及设备的省、直辖市级及以上卫生许可批件；

（4）隐蔽工程验收和中间试验记录；

（5）水压试验和通水能力检验记录；

（6）管道清洗和消毒记录；

（7）工程质量事故处理记录；

（8）工程质量检验评定记录；

（9）卫生监督部门出具的水质检验合格报告。

第三节　建筑给水排水系统的运行管理

一、建筑给水排水系统的管理方式

目前，建筑给水排水设备的管理工作一般由自来水公司、市政公司和物业管理公司负责，并由专业人员负责管理。建筑给水排水设备管理主要是加强档案资料管理、完善规章制度、常见故障处理、维修管理和系统运行管理。建筑给水排水系统的管理措施主要有：

（1）建立设备管理账册和重要设备的技术档案；

（2）建立设备卡片；

（3）建立定期检查、维修、保养的制度；

（4）建立给水排水设备大、中修工程的验收制度，积累有关技术资料；

（5）建立给水排水设备的更新、调拨、增添、改造、报废等方面的规划和审批制度；

（6）建立住户保管给水排水设备的责任制度；

（7）建立每年年末对建筑给水排水设备进行清查、核对和使用鉴定的制度，遇有缺损现象，应采取必要措施，及时加以解决。

二、给水系统的维护与运行管理

（一）给水系统常见故障的处理

1.给水龙头出流量过小或过大

给水流量过大过急、水流喷溅的现象往往是建筑底层超压所致，可加减压阀或节流阀来调节；出流量过小往往是建筑上面几层用水高峰期水压不足所致，可调节上下层阀门来解决，若出流量太小，可考虑提高水泵扬程或在水箱出水管上安装管道泵。

2.管道和器具漏水

管道接头漏水是由于管材、管件质量低劣或施工质量不合格造成的。因此，竣工验收时要对施工质量和管材严格检查，发现问题及时解决，换上质量合格的管件。螺旋升降式水龙头是以前普遍使用的配水龙头，其漏水的主要原因是龙头内的皮线磨损老化，发现漏水应及时更换皮线，亦可更换节水又能防漏的新型不锈钢制的陶瓷磨片式水龙头。

在普通的建筑中，进户阀门一般为铁制阀门，平时很少使用，只有在检修或出现故障时才使用，故大多数锈蚀严重，一般不敢轻易去拧，否则要么拧不动，要么拧后关闭不严产生漏水。防止阀门损坏漏水的措施是：建议用户每月开关一次阀门，并使阀门周围保持清洁；若阀门损坏应及时维修或彻底更换优质阀门，如铜质隔膜阀等。埋地管道发生漏水后表现为地面潮湿渗水，一般是管道被压坏或管道接头不严所致，发生后应及时组织修理。

3.屋顶水箱溢水或漏水

屋顶水箱溢水是进水控制装置或水泵失灵所致。若属于控制装置的问题，应立即关闭水泵和进水阀门进行检修；若属于水泵启闭失灵，则应切断电源后再检修水泵。引起水箱漏水的原因是水箱上的管道接口发生问题或是箱体出现裂缝，可从箱体或地面浸湿的现象中发现，应经常巡视，及时发现和处理问题。

（二）给水系统的运行管理

（1）防止二次供水的污染，对水池、水箱定期消毒，保持其清洁卫生。

（2）对供水管道、阀门、水表、水泵、水箱进行经常性维护和定期检查，确保供水安全。

（3）发生跑水、断水故障，应及时抢修。

（4）消防水泵要定期试泵，至少每年进行一次。要保持电气系统正常工作，水泵正常上水，消火栓设备配套完整，检查报告应送交当地消防部门备案。

（三）给水管道的维修养护

维修养护人员应经常检查给水管道及阀门（包括地上、地下、屋顶等）的使用情况，经常注意地下有无漏水、渗水、积水等异常情况，如发现有漏水现象，应及时进行维修。在每年冬季来临之前，维修人员应注意做好室内外保温管道、阀门、消火栓等的防冻保温工作，并根据当地气温情况，分别采用不同的保温材料。对已冻裂的水管，可根据具体情况，采取电焊或换管的方法处理。

（四）水泵的保养与维护

生活水泵、消防水泵每半年应进行一次全面养护。养护内容主要有：检查水泵轴承是否灵活，如有阻滞现象，应加注润滑油；如有异常摩擦声响，则应更换同型号规格轴承；如有卡住、碰撞现象，则应更换同规格水泵叶轮；如轴键槽损坏严重，则应更换同规格水泵轴；检查压盘根处是否漏水成线，如是，则应加压盘根；清洁水泵外表，若水泵脱漆或锈蚀严重，应彻底铲除脱落层油漆，重新刷油漆；检查电动机与水泵弹性联轴器有无损坏，如损坏则应更换；检查机组螺栓是否坚固，如松弛则应拧紧。

（五）水池、水箱的保养与维护

水池、水箱的维修养护应每3～6个月进行一次，要求清洗水箱的工作人员具有卫生防疫部门核发的体检合格证，并在停水的前一天通知用户，并准备相应的清洁工具。清洗时的程序如下：

首先关闭进水总阀和连通阀门，开启泄水阀，抽空水池、水箱中的水。泄水阀处于开启位置，用鼓风机向水池、水箱吹2h以上，排除水池、水箱中的有毒气体，吹进新鲜空气。将燃着的蜡烛放入池底，观察其是否会熄灭，以确定空气是否充足。打开水池、水箱内照明设施或设临时照明。清洗人员进入水池、水箱后，对池壁、池底洗刷不少于三遍。清洗完毕后，排除污水，然后喷洒消毒药水。关闭泄水阀，注入清水。

（六）水质污染的原因

（1）供水系统自身的污染，主要是城市管网老化、年久失修，在输水过程中本身腐蚀、渗漏造成的污染。

（2）污染源对管道造成的污染。

（3）二次加压提升或蓄水池、水箱被污染，长期处于死水状态，特别是消防和生活共用水池而生活水量又相对较小时更易污染。

（4）自备水源与城市供水管道直接连接，无防倒流污染措施。

（5）其他因设计不合理或使用不当而造成的污染。如水池（箱）的人孔不严密，通气口和溢流口敞开设置，尘土、蚊虫、鼠类、雀鸟等均可能通过以上孔口进入水中游动或溺死池（箱）中，造成污染。配水附件安装不当，若出水口设在用水设备、卫生器具上沿或溢流口以下时，当溢流口堵塞或发生溢流的时候，遇上给水管网因故供水压力下降较多，恰巧此时开启配水附件，污水即会在负压作用下吸入管道造成回流污染。

饮用水管道与大便器冲洗管直接相连，并且普通阀门控制冲洗，当给水系统压力下降时，此时恰巧开启阀门也会出现回流污染。饮用水与非饮用水管道直接连接时，当非饮用水压力大于饮用水压力且连接管中的止回阀（或阀门）密闭性差，则非饮用水会渗入饮用水管道造成污染。埋地管道与阀门等附件连接不严密，平时渗漏，当饮用水断流，管道中出现负压时，被污染的地下水或阀门井中的积水即会通过渗漏处进入给水系统。非饮用水管道从贮水设备中穿过，非饮用水接入；在大便槽、小便槽、污水沟内敷设管道，在有毒物质及污水处理构筑物的污染区域内敷设管道。生活饮用水管道在堆放及操作安装中没有避免外界可能产生的污染，验收前没有进行清洗和封闭。

（七）水质污染的防治措施

（1）水质要符合相应标准。

（2）城市给水管道严禁与自备水源的供水管道直接连接，这是国际上通用的规定。当用户需要将城市给水作为自备水源的备用水或补充水时，只能将城市给水管道的水放入自备水源的贮水（或调节）池，经自备系统加压后使用。放水口与水池溢流水位之间必须具有有效的空气隔断。

（3）生活饮用水不得因管道产生虹吸回流而受污染。生活饮用水管道的配水件出水口不得被任何液体或杂质所淹没，如果配水件出口必须套接软管，需要满足以下要求：

①家用洗衣机的取水水嘴宜高出地面1.0～1.2m。

②公共厕所的连接冲洗软管的水嘴宜高出地面1.2m。

③绿化洒水的洒水栓应高出地面至少400mm，并宜在控制阀出口安装吸气阀。

④带有软管的浴盆混合水嘴宜高出浴盆溢流边缘400mm，并宜选用转换开关

（水嘴与淋浴器的出水转换）能自动复位的产品。

⑤出水口高出承接用水容器溢流边缘的最小空气间隙，不得小于出水口直径的2.5倍。溢流边缘是指：当溢流口为水平时（如大便器冲洗水箱中的溢流口），以管口平面计；当溢流口为侧壁开孔引流时（如洗脸盆），以孔口顶计；当无溢流口时（如混凝土洗涤池），以受水容器顶面计。

（4）从给水管道上直接接出下列用水管道时，应在这些用水管道上设置管道倒流防止器或其他有效地防止倒流污染的装置：

①单独接出消防用水管道时，应在消防用水管道的起端设置管道倒流防止器（不含室外给水管道上接出的室外消火栓）。

②从城市给水管道上直接吸水的水泵，因泵后压力高于泵前，必须防止水的倒流，所以应在吸水管起端设置管道倒流防止器。

③非淹没出流的出水管、补水管，当空气间隙不足时，要防止因管网失压引起的倒流。所以当游泳池、水上游乐池、按摩池、水景观赏池、循环冷却水集水池等的充水或补水管道出口与溢流水位之间的空气间隙小于出口管径的2.5倍时，应在充（补）水管上设置管道倒流防止器。

④绿地等自动喷灌系统，当喷头为地下式或自动升降式时，应在其管道起端设置管道倒流防止器。

⑤从城市给水环网的不同管段接出引入管向居住小区供水，且小区供水管与城市给水管形成环状管网时，应在其引入管上（一般在总水表后）设置管道倒流防止器。

（5）严禁生活饮用水管道与大便器（槽）直接连接。

（6）生活饮用水管道应避开毒物污染区，当条件限制不能避开时，应采取防护措施。

（7）建筑物内的生活饮用水水池（箱）体应采用独立结构形式，不得利用建筑物的本体结构作为水池（箱）的壁板、底板及顶盖。

生活饮用水水池（箱）与其他用水水池（箱）并列设置时，应有各自独立的分隔墙，不得共用一堵分隔墙，隔墙与隔墙之间应有排水措施。

（8）建筑物内的生活饮用水水池（箱）宜设在专用房间内，其上方的房间不应有厕所、浴室、盥洗室、厨房、污水处理间等。

（9）当生活饮用水水池（箱）内的贮水48h内不能得到更新时，应设置水消毒处理装置。

（10）在非饮用水管道上接出水嘴或取水短管时，应采取防止误饮误用的措施。

三、排水系统的维护与管理

（一）排水系统维护与管理的内容

定期对排水管道进行养护、清通。教育住户不要把杂物投入下水道，以防堵塞。下水道发生堵塞时应及时清通。定期检查排水管道是否有生锈、渗漏等现象，发现隐患应及时处理。室外排水沟渠应定期检查和清扫，及时清除淤泥和污物。

（二）排水管道常见故障的处理

排水管道堵塞会造成流水不畅，排泄不通，严重的会在地漏、水池等处漫溢外淌。造成堵塞的原因多为使用不当，例如有硬杂物进入管道，停滞在排水管中部、拐弯处或末端，或在管道施工过程中将砖块、木块、砂浆等遗弃在管道中。修理时，可根据具体情况判断堵塞物的位置，在靠近检查口、清扫口、屋顶通气管等处采用人工或机械疏通。便器水箱漏水主要是进水浮球阀关闭不严或采用了不合格的配件所致。所以，应采用国家推荐的合格产品。排水管道漏水主要是管道接头不严造成的，可采取更换接口垫圈或涂以密封胶来解决。

（三）室外排水系统中污水处理效率的管理

民用和公共建筑的地下室，人防建筑、消防电梯底部集水坑内以及工业建筑内部标高低于室外地坪的车间和其他用水设备房间排放的污、废水，若不能自流排至室外检查井时，必须提升排出，以保持室内良好的环境卫生。建筑内部污废水提升包括污水泵的选择、污水集水池容积确定和排水泵房设计。

1.排水泵房

排水泵房应设在靠近集水池、通风良好的地下室或底层单独的房间内，以控制和减少对环境的污染。对卫生环境有特殊要求的生产厂房和公共建筑内，有安静和防震要求房间的邻近和下面不得设置排水泵房。排水泵房的位置应使室内排水管道和水泵出水管尽量简洁，并考虑维修、检测的方便。

2.排水泵

建筑物内使用的排水泵有潜水排污泵、液下排水泵、立式污水泵和卧式污水泵等。排水泵的流量应按生活排水设计秒流量选定；当有排水量调节时，可按生活排水最大小时流量选定。消防电梯集水池内的排水泵流量不小于10L/s。排水泵的扬程按提升高度、管道水头损失和0.02～0.03MPa的附加自由水头确定。排水泵吸水管和出水管流速应为0.7～2.0m/s。

公共建筑内应以每个生活排水集水池为单元设置一台备用泵，平时宜交替运行。设有两台及两台以上排水泵排除地下室、设备机房、车库冲洗地面的排水时可不设备用泵。为使水泵各自独立、自动运行，各水泵应有独立的吸水管。当提升带有较大杂质的污、废水时，不同集水池内的潜水排污泵出水管不应合并排出。当提升一般废水时，可按实际情况考虑不同集水池的潜水排污泵出水管合并排出。排水泵较易堵塞，其部件易磨损，需要经常检修，所以，当两台或两台以上的水泵共用一条出水管时，应在每台水泵出水管上装设阀门和止回阀；单台水泵排水有可能产生倒灌时，应设止回阀。不允许压力排水管与建筑内重力排水管合并排出。

如果集水池不设事故排出管，水泵应有不间断的动力供应；如果能关闭排水进水管时，可不设不间断动力供应，但应设置报警装置。排水泵应能自动启闭或现场手动启闭。多台水泵可并联交替运行，也可分段投入运行。

3.集水池

在地下室卫生间和淋浴间的底板下或邻近、地下室水泵房和地下车库内及地下厨房和消防电梯井附近应设集水池，消防电梯集水池池底低于电梯井底不小于0.7m。为防止生活饮用水受到污染，集水池与生活给水贮水池的距离应在10m以上。集水池容积不宜小于最大一台水泵5min的出水量，且水泵1h内启动次数不宜超过6次。设有调节容积时，有效容积不得大于6h生活排水平均小时流量。消防电梯井集水池的有效容积不得小于2.0m^3。工业废水按工艺要求确定。

集水池的有效水深一般取1～1.5m，保护高度取0.3～0.5m。因生活污水中有机物分解成酸性物质，腐蚀性大，所以生活污水集水池内壁应采取防腐防渗漏措施。池底应坡向吸水坑，坡度不小于0.05，并在池底设冲洗管，利用水泵出水进行冲洗，防止污泥沉淀。为防止堵塞水泵，收集含有大块杂物排水的集水池入口处应设格栅，敞开式集水池（井）顶应设置格栅盖板；否则，潜水排污泵应带有粉碎装置。

四、消防系统的维护与管理

消火栓每季度应进行一次全面试放水检查，每半年养护一次，主要检查消火栓玻璃、门锁、栓头、水带、阀门等是否齐全；对水带的破损、发黑与插接头的松动现象进行修补、固定；更换变形的密封胶圈；将阀门杆加油防锈，并抽取总数的5%进行试水；清扫箱内外灰尘，将消火栓玻璃门擦净，最后贴上检查标志，标志内容应有检查日期、检查人和检查结果。

自动喷洒消防灭火系统的维护与管理的内容如下：

（1）每日巡视系统的供水总控制阀、报警控制阀及其附属配件，以确保处于无故障状态。

（2）每日检查一次警铃，看其启动是否正常，打开试警铃阀，水力警铃应发出报警信号，如果警铃不动作，应检查整个警铃管道。

（3）每月对喷头进行一次外观检查，不正常的喷头应及时更换。

（4）每月检查系统控制阀门是否处于开启状态，保证阀门不会误关闭。

（5）每两个月对系统进行一次综合试验，分区逐一打开末端试验装置放水阀，以检验系统灵敏性。

当系统因试验或火灾启动后，应在事后尽快使系统重新恢复到正常状态。

五、管道直饮水系统的维护与运行管理

（一）一般规定

（1）净水站应制定管理制度，岗位操作人员应具备健康证明，并应具有一定的专业技能，经专业培训合格后才能上岗。

（2）运行管理人员应熟悉直饮水系统的水处理工艺和所有设施设备的技术指标和运行要求。

（3）化验人员应了解直饮水系统的水处理工艺，熟悉水质指标要求和水质项目化验方法。

（4）生产运行、水质检测应制定操作规程。操作规程应包括操作要求、操

作程序、故障处理、安全生产和日常保养维护要求等。

（5）生产运行应有运行记录，主要内容应包括交接班记录、设备运行记录、设备维护保养记录、管网维护维修记录和用户维修服务记录。

（6）水质检测应有检测记录，主要内容应包括日检记录、周检记录和年检记录等。

（7）发生故障事故时应有故障事故记录。

（8）生产运行应有生产报表，水质监测应有监测报表，服务应有服务报表和收费报表，包括月报表和年报表。

（二）室外管网和设施维护

（1）应定期巡视室外埋地管网线路，管网沿线地面应无异常情况，应及时消除影响输水安全的因素。

（2）应定期检查阀门井，井盖不得缺失，阀门不得漏水，并应及时补充、更换。

（3）应定期检测平衡阀门工况，出现变化应及时调整。

（4）应定期分析供水情况，发现异常时及时检查管网及附件，并排除故障。

（5）当发生埋地管网爆管情况时，应迅速停止供水并关断所有楼栋供回水阀门，从室外管网泄水口将水排空，然后进行维修。维修完毕后，应对室外管道进行试压、冲洗和消毒，符合相关的规定后才能继续供水。

（三）室内管道维护

（1）应定期检查室内管网，供水立管、上下环管不得有漏水或渗水现象，发现问题应及时处理。

（2）应定期检查减压阀工作情况，记录压力参数，发现压力变化时应及时调整。

（3）应定期检查自动排气阀工作情况，出现问题应及时处理。

（4）室内管道、阀门、水表和水嘴等，严禁遭受高温或污染，避免碰撞和坚硬物品的撞击。

（四）运行管理

（1）操作人员必须严格按照操作规程要求进行操作。

（2）运行人员应对设备的运行情况及相关仪表、阀门进行经常性检查，并应做好设备运行记录和设备维修记录。

（3）应按照设备维护保养规程定期对设备进行维护保养。

（4）设备的易损配件应齐全，并应有规定量的库存。

（5）设备档案、资料应齐全。

（6）应根据原水水质、环境温度、湿度等实际情况，经常调整消毒设备参数。

（7）当采用定时循环工艺时，循环时间宜设置在用水量低峰时段。

（8）在保证细菌学指标的前提下，宜降低消毒剂投加量。

第五章　给排水工程施工安全管理

第一节　给水管网的养护管理与安全运行

一、管道冲洗和消毒

（一）管道冲洗

各种管道在投入使用前，必须进行清洗，以清除管道内的焊渣等杂物。一般管道在压力试验（强度试验）合格后进行清洗。对于管道内杂物较多的管道系统，可在压力试验前进行清洗。

清洗前，应将管道系统内的流量孔板、滤网、温度计、调节阀阀芯、止回阀阀芯等拆除，待清洗合格后再重新装上。冲洗时，以系统内可能达到的最大压力和流量进行，直到出口处的水色和透明度与入口处目测一致。

给水管道水冲洗工序，是竣工验收前的一项重要工作，冲洗前必须认真拟订冲洗方案，做好冲洗设计，以保证冲洗工作顺利进行。

1.一般程序

设计冲洗方案→贯彻冲洗方案→冲洗前检查→开闸冲洗→检查冲洗现场→目测合格→关闸→出水水质化验。

2.基本规定

（1）管道冲洗时的流速不小于1.0m/s。

（2）冲洗应连续进行，当排出口的水色、透明度与入口处目测一致时，即可取水化验。

（3）排水管截面积不应小于被冲洗管道截面积的60%。

（4）冲洗应安排在用水量较小、水压偏高的夜间进行。

3.设计要点

设计要点主要有以下几个方面：

（1）冲洗水的水源。管道冲洗要耗用大量的水，水源必须充足，一种方法是被冲洗的管线可直接与新水源厂（水源地）的预留管道连通，开泵冲洗；另一种方法是用临时管道接通现有供水管网的管道进行冲洗。必须选好接管位置，设计好临时来水管线。

（2）放水口。放水路线不得影响交通及附近建筑物（构筑物）的安全，并与有关单位取得联系，以确保放水安全、畅通。安装放水管时，与被冲洗管的连接应严密、牢固，管上应装有阀门排气管和放水取样龙头，放水管的弯头处必须进行临时加固，以确保安全工作。

（3）排水路线。由于冲洗水量大并且较集中，必须选好排放地点，排至河道和下水道要考虑其承受能力，是否能正常泄水。临时放水口的截面不得小于被冲洗管截面的1/2。

（4）人员组织。设专人指挥，严格实行冲洗方案。派专人巡视，专人负责阀门的开启、关闭，并和有关协作单位密切配合联系。

（5）制定安全措施。放水口处应设置围栏，专人看管，夜间设照明灯具等。

（6）通信联络。配备通信设备，确定联络方式，做到了解冲洗全线情况，指挥得当。

（7）拆除冲洗设备。冲洗消毒完毕，及时拆除临时设施，检查现场，恢复原有设施。

4.放水冲洗注意事项

（1）准备工作。放水冲洗前与管理单位联系，共同商定放水时间、用水量及取水化验时间等。管道第一次冲洗应用清洁水冲洗至出水口水样浊度小于3NTU为止。宜安排在城市用水量较小、管网水压偏高的时间内进行。放水口应有明显标志和栏杆，夜间应加标志灯等安全措施。放水前，应仔细检查放水路线，确保安全、畅通。

（2）放水冲洗。放水时，应先开出水阀门，再开来水阀门。注意冲洗管段特别是出水口的工作情况，做好排气工作，并派人监护放水路线，有问题及时处理。支管线亦应放水冲洗。

（3）检查。检查沿线有无异常声响、冒水和设备故障等现象，检查放水口水质外观。

（4）关水。放水后应尽量使来水阀门、出水阀门同时关闭，如果做不到，可先关出水阀门，但留一两口先不关死，待来水阀门关闭后，再将出水阀门全部关闭。

（5）取水样化验。冲洗生活饮用水给水管道，放水完毕，管内应存水24h以上再化验。由管理单位进行取水样操作。

（二）管道消毒

生活饮用水的给水管道在放水冲洗后，再用清水浸泡24h，取出管道内水样进行细菌检查。如水质化验达不到要求标准，应用漂白粉溶液注入管道内浸泡消毒，然后冲洗，经水质部门检验合格后交付验收。化验水质应符合国家《生活饮用水卫生标准》（GB5749-2022）要求。

消毒对硬聚氯乙烯给水管道特别重要，除冲洗要使管道内的杂物冲出，消毒要杀死管道内的细菌外，还能减轻氯乙烯单体的含量。经过几天的浸泡，氯乙烯大部分随冲洗水或消毒水排掉，使氯乙烯的浓度降低，保证饮用水安全。

管道消毒步骤如下：

（1）漂白粉溶液的制备。

①材料工具。包括漂白粉、自来水、小盆、大桶、口罩、手套等劳保防护用品。

②溶解。先将硬块压碎，在小盆中溶解成糊状，直至残渣不能溶化为止，除去残渣，再用水冲入大桶内搅匀，即可使用。

（2）注入漂白粉。漂白粉的注入方法可采用泵送或水射器进行注入。打开放水口和进水阀门，应注意根据漂白粉溶液浓度和泵入速度调节阀门开启程度，控制管内流速以保证水中游离氯含量在20mg/L以上。

（3）关水。当放水口放出水的游离氯含量为20mg/L以上时，方可关阀。

（4）泡管消毒。用漂白粉水浸泡24h以上。

（5）换自来水。放净氯水，放入自来水，关阀存水4h。

（6）取水化验。1L水中大肠菌数不超过3个和1mL水中的杂菌不超过100个菌落为合格。符合标准才算消毒完毕。

二、监测检漏

（一）给水管网水压和流量测定

1.管道测压和测流的目的

管网测压、测流是加强管网管理的具体步骤。通过它系统地观察和了解输配水管道的工作状况，管网各节点自由压力的变化及管道内水的流向流量的实际情况，有利于城市给水系统的日常调度工作。长期收集、分析管网测压、测流资料，进行管道粗糙系数n值的测定，可作为改善管网经营管理的依据。通过测压、测流及时发现和解决环状管网中的疑难问题。

通过对各段管道压力流量的测定，核定输水管中的阻力变化，查明管道中结垢严重的管段，从而有效地指导管网养护检修工作。必要时对某些管段进行刮管涂衬的大修工程，使管道恢复到较优的水力条件。当新敷设的主要输、配水干管投入使用前后，对全管网或局部管网进行测压、测流，还可推测新管道对管网输配水的影响程度。管网的改建与扩建，也需要以积累的测压、测流数据为依据。

2.水压的测定

（1）管道压力测点的布设和测量。在测定管网水压时首先应挑选有代表性的测压点，在同一时间测读水压值，以便对管网输、配水状况进行分析。测压点的选定既要能真实反映水压情况，又要均匀合理布局，使每一测压点能代表附近地区的水压情况。测压点以设在大中口径的干管线上为主，不宜设在进户支管上或有大量用水的用户附近。测压点一般设立在输配水干管的交叉点附近、大型用水户的分支点附近、水厂、加压站及管网末端等处。当测压、测流同时进行时，测压孔和测流孔可合并设立。

测压时可将压力表安装在消火栓或给水龙头上，定时记录水压，能有自动记录压力仪则更好，可以得出24h的水压变化曲线。测定水压，有助于了解管网的工作情况和薄弱环节。根据测定的水压资料按0.5～1.0m的水压差，在管网平面图上绘出等水压线，由此反映各条管线的负荷。由等水压线标高减去地面标高，得出各点的自由水压，即可绘出等自由水压线图，据此可了解管网内是否存在低水压区。在城市给水系统的调度中心，为了及时掌握管网控制节点的压力变化，往往采用远传指示的方式把管网各节点压力数据传递到调度中心来。

（2）管道测压的仪表。管道压力测定的常用仪器是压力表。这种压力表只能指示瞬时的压力值，若是装配上计时、纸盘、记录笔等装置，成为自动记录的压力仪，就可以记测出24h的水压变化关系曲线。

常用的压力测量仪表有单圈弹簧管压力表，电阻式、电感式、电容式、应变式、压阻式、压电式、振频式等远传压力表。单圈弹簧管压力表常用于压力的就地显示，远传式压力表可通过压力变送器将压力信号远传至显示控制端。

管网测压孔上的压力远传，首先可通过压力变送器将压力转换成信息，用有线或无线的方式把信息传递到终端（调度中心）显示、记录、报警、自控或数据处理等。

现在许多自来水公司都配有压力远传设备，采用分散目标，无线电通道的数据及通话两用装置，把数十千米范围内管网测压点的压力等参数，以无线遥测系统的方法，远传到调度中心，并在停止数传时可以通话。

（3）管道流量测定。管道的测流就是指测定管段中水的流向、流速和流量。

第一，测流孔的布设原则：

①在输配水干管所形成的环状管网中，每一个管段上应设测流孔，当该管段较长，引接分支管较多时，常在管段两端各设一个测流孔；若管段较短而没引接支管时，可设一个测孔，若管段中有较大的分支输水管，可适当增添测流孔。测流的管段通常是管网中的主要管段，有时为了掌握某区域的配水情况，以便对配水管道进行改造，也可临时在支管上设立测流孔，测定配水流量等数据。

②测流孔设在直线管段上，距离分支管、弯管、阀门应有一定间距，有些城市规定测流孔前后直线管段长度为30～50倍管径值。

③测流孔应选择在交通不频繁、便于施测的地段，并砌筑在井室内。

④按照管材、口径的不同，测流孔的形成方法亦不同。对于铸铁管，水泥压力管的管道，可安装管鞍、旋塞，采取不停水的方式开孔；对于中、小口径的铸铁管也可不停水开孔；对于钢管用焊接短管节后安装旋塞的方法解决。

第二，测定方法：一般用毕托管测流，测定时将毕托管插入待测水管的测流孔内。毕托管有两个管嘴，一个对着水流，另一个背着水流，由此产生的压差h

可在U形压差计中读出。

实测时，须先测定水管的实际内径，然后将该管径分成上下等距离的10个测点（包括圆心共11个测点），用毕托管测定各测点的流速。因圆管断面各测点的流速不均匀分布，可取各测点流速的平均值V，乘以水管断面面积即得流量。用毕托管测定流量的误差一般为3%～5%。

除用毕托管测流量外，还可用便携式超声波流量计、电磁流量计及其他新型的流量测量仪器（电磁流量计），并可打印出流量、流速和流向等相应数据。

（二）给水管网检漏

1.给水管网漏水的原因

城市给水管网的漏水损耗是相当严重的，其中绝大部分为地下管道的接口暗漏所致。据多年的观察和研究，漏水有以下几个原因：

（1）管材质量不合格。

（2）接口质量不合格。

（3）施工质量问题：管道基础不好，接口填料问题，支墩后座土壤松动，水管弯转角度偏大，易使接头坏损或脱开，埋设深度不够。

（4）水压过高时水管受力相应增加，爆管漏水概率也相应增加。

（5）温度变化。

（6）水锤破坏。

（7）管道防腐不佳。

（8）其他工程影响。

（9）道路交通负载过大。如果管道埋设过浅或车辆过重，会增加对管道的动荷载，容易引起接头漏水或爆管。

2.国内外给水管网漏水控制的指标

国际上衡量管网漏损水平有三个指标，即未计量水率、漏水率、单位管长漏水率。

3.给水管检漏的传统方法

（1）音频检漏。当水管有漏水口时，压力水从小口喷出，水就会与孔口发生摩擦，而相当能量会在孔口消失，孔口处就形成振动。音频检漏分为阀栓听音和地面听音两种，前者用于漏水点预定位，后者用于精确定位。漏水点预定位主要分阀栓听音法和漏水声声自动监测法。

阀栓听音法：阀栓听音法是用听漏棒或电子放大听漏仪直接在管道暴露点（如消火栓、阀门及暴露的管道等）听测由漏水点产生的漏水声，从而确定漏水管道，缩小漏水检测范围。

漏水声自动监测法：泄漏噪声自动记录仪是由多台数据记录仪和一台控制器组成的整体化声波接收系统。只要将记录仪放在管网的不同地点，如消火栓、阀门及其他管道暴露点等，按预设时间（如02：00～04：00）同时自动开/关记录仪，可记录管道各处的漏水声信号，该信号经数字化后自动存入记录仪中，并通过专用软件在计算机上进行处理，从而快速探测装有记录仪的管网区域内是否存在漏水。

漏水点精确定位：当通过预定位方法确定漏水管段后，用电子放大听漏仪在地面听测地下管道的漏水点，并进行精确定位。听测方式为沿着漏水管道走向一定间距逐点听测比较，当地面拾音器越靠近漏水点时，听测到的漏水声越强，在漏水点上方达到最大。相关检漏法：相关检漏法是当前最先进最有效的一种检漏方法，特别适用于环境干扰噪声大、管道埋设太深或不适宜用地面听测法的区域。用相关仪可快速准确地测出地下管道漏水点的精确位置。一套完整的相关仪是由一台相关仪主机（无线电接收机和微处理器等组成）、两台无线电发射机（带前置放大器）和两个高灵敏度振动传感器组成。

（2）区域装表法。把整个给水管网分成小区，凡是和其他地区相通的阀门全部关闭，小区内暂停用水，然后开启装有水表的一条进水管上的阀门，使小区进水。

如小区内的管网漏水，水表指针将会转动，由此可读出漏水量。

①干管漏水量的测定。关闭主干管两端阀门和此干管上的所有支管阀门，再在一个阀门的两端焊DN15小管，装上水表，水表显示的流量就是此干管的漏水量。

②区域漏水量测定。要求同时抄表。

③利用用户检修、基本不用水的机会，将用户阀门关闭，利用水池在一定时间内的落差计算漏水量。关闭用水阀门，根据水位下降计算漏水量。

（3）质量平衡检漏法。质量平衡检漏法工作原理为：在一段时间内，测量的流入质量可能不等于测得的流出质量。

（4）水力坡降线法。水力坡降线法的技术不太复杂。这种方法是根据上游站和下游站的流量等参数，计算出相应的水力坡降，然后分别按上游站出站压力和下游站进站压力作图，其交点就是理想的泄漏点。但是这种方法要求准确测出管道的流量、压力和温度值。

（5）统计检漏法。一种不带管道模型的检漏系统。该系统根据在管道的入口和出口测取的流体流量和压力，连续计算泄漏的统计概率。对于最佳检测时间的确定，使用序列概率比试验方法。当泄漏确定后，可通过测量流量和压力及统计平均值估算泄漏量，用最小二乘算法进行泄漏定位。

（6）基于神经网络的检漏方法。基于人工神经网络检测管道泄漏的方法，能够运用自适应能力学习管道的各种工况，对管道运行状况进行分类识别，是一种基于经验的类似人类的认知过程的方法。试验证明这种方法是十分灵敏和有效的。这种检漏方法能够迅速准确预报出管道运行情况，检测管道运行故障并且有较强的抗恶劣环境和抗噪声干扰的能力。

4.管网检漏应配备的仪器

我国城市供水公司生产规模、技术条件和经济条件等因素差异相当大，根据这些差异可分为四类。

第一类为最高日供水量超过100万m^3，同时是直辖市、对外开放城市、重点旅游城市或国家一级企业的供水公司。

第二类为最高日供水量在50万～100万m^3的其他省会城市或国家二级企业的供水公司。

第三类为最高日供水量在10万～50万m^3的其他供水公司。

第四类为最高日供水量在10万m^3以下的供水公司。

根据供水量的差异，按下列情况配置必要的仪器：一类供水公司配备一定数量电子放大听漏仪（数字式）、听音棒、管线定位仪、井盖定位仪及超级型相关仪漏水声自动记录仪。二类供水公司配备一定数量电子放大听漏仪（数字式）、听音棒、管线定位仪、井盖定位仪及普通型相关仪。三类供水公司配备一定数量电子放大听漏仪（模拟式）听音棒、管线定位仪及井盖定位仪。四类供水公司配备少量电子放大听漏仪（模拟式）、听音棒、管线定位仪及井盖定位仪。

5.管网漏水的处理与预防

（1）管网漏水的处理方法。据以上方法测定的漏水量若超过允许值，则应进一步检测以确定准确漏水点再进行处理。根据现场不同的漏水情况，可以采取不同的处理方法。

①直管段漏水处理，处理方法是将表面清理干净停水补焊。

②法兰盘处漏水处理，更换橡皮垫圈，按法兰孔数配齐螺栓，注意在上螺栓时要对称紧固。如果是因基础不良而导致的，则应对管道加设支墩。

③承插口漏水，承插口局部漏水，应将泄漏处两侧宽30mm深50mm的封口填料剔除，注意不要动不漏水的部位。用水冲洗干净后，重新打油麻，捣实后再用青铅或石棉水泥封口。

（2）管道渗漏的修补。渗漏的表现形式有接口渗水、窜水，砂眼喷水、管壁破裂等。可以使用快速抢修剂，快速抢修剂为稀土高科技产品，是应用在管道系统的紧急带压抢修的堵塞剂。其优点是：数分钟快速固化致硬，迅速止住漏水。抢修剂的堵塞处密封性好、防渗漏性能佳、抗水压强度高、胶黏度强。应用范围较广，如钢管、铸铁管、UPVC管、混凝土管及各类阀门的渗漏情况。

6.管网检漏的管理

（1）检漏队伍的管理：

①检漏人员素质：检漏人员应熟悉本地区管道运行的情况；熟练掌握检漏仪器和管线定位仪器的使用方法；熟练掌握常规检漏方法；能负责本区巡回检漏；负责仪器的维护和保养；做好检漏记录，填写报表，并编写检漏报告。

②有效地选配检漏仪器：从地理情况分析，南方管线埋设较浅，用听漏仪可解决70%的漏水；而北方管线埋设较深，漏水声较难传到地面，最好选用相关仪器。但从经济技术条件分析，直辖市省会城市及经济发达城市的供水公司可选先进的检漏仪器，这样为快速降低漏耗提供了前提条件。

③加强检漏人员的培训：检漏是一项综合性的工作，需要加强对检漏人员的培训，以便提高检漏技能，同时更要培养检漏人员吃苦耐劳的敬业精神。

④选择有效的检漏方法。

⑤要充分调动检漏人员的积极性：检漏是一项很难的户外工作，有时还需夜晚工作，应采用有效的管理体制，调动检漏人员的积极性。

（2）供水管道检漏过程中应注意的问题：

①如果遇到多年未开启的井盖要点明火验证，一定要证明井中无毒气以后方可下井操作（应通风20min，有条件的可使用毒气检测仪检测）。

②在市区检漏时，一定要注意交通安全，应放置警示牌，穿上警示背心。

③对某些漏点难以定位，需用打地钎法核实时，一定要查清此处是否有电缆等。

④注意保持拾音器或传感器与测试点接触良好。

三、养护更新

（一）给水管道防腐

1.给水管道的外腐蚀

金属管材引起腐蚀的原因大体分为两种：化学腐蚀（包括细菌腐蚀）和电化学腐蚀（包括杂散电流的腐蚀）。

（1）化学腐蚀。化学腐蚀是由于金属和四周介质直接相互作用发生置换反应而产生的腐蚀。如铁的腐蚀作用，首先是由于空气中的二氧化碳溶解于水，生成碳酸，它们往往也存在于土壤中，使铁生成可溶性的酸式碳酸盐 $Fe(HCO_3)_2$，然后在氧的氧化作用下最终变成 $Fe(OH)_3$。

（2）电化学腐蚀。电化学腐蚀的特点在于金属溶解损失的同时，还产生腐蚀电池的作用。

形成腐蚀电池有两类，一类是微腐蚀电池，另一类是宏腐蚀电池。微腐蚀电池是指金属组织不一致的管道和土壤接触时产生腐蚀电池。宏腐蚀电池是指长距离（有时达几公里）金属管道沿线的土壤特性不同时，因而在土壤和管道间，发生电位差而形成腐蚀电池。

地下杂散电流对管道的腐蚀，是一种因外界因素引起的电化学腐蚀的特殊情况，其作用类似于电解过程。由于杂散电流来源的电位往往很高，电流也大，故杂散电流所引起的腐蚀远比一般的电腐蚀严重。

2.给水管道的内腐蚀

（1）金属管道内壁侵蚀。这种侵蚀作用在前面已经述及了两大类化学腐蚀与电化学腐蚀。对金属管道而言，输送的水就是一种电解液，所以管道的腐蚀多半带有电化学的性质。

（2）水中含铁量过高。作为给水的水源一般含有铁盐。生活饮用水的水质标准中规定铁的最大允许浓度不超过0.3mg/L，当铁的含量过大时应予以处理，否则在给水管网中容易形成大量沉淀。水中的铁常以酸式碳酸铁形式存在。以酸式碳酸铁形式存在时最不稳定，分解出二氧化碳，而生成的碳酸铁经水解成氢氧化亚铁。这种氢氧化亚铁经水中溶解氧的作用，转为絮状沉淀的氢氧化铁。它主要沉淀在管内底部，当管内水流速度较大时，上述沉淀就难形成；反之，当管内水流速度较小时，就促进了管内沉淀物的形成。

（3）管道内的生物性腐蚀。城市给水管网内的水是经过处理和消毒的，在管网中一般就没有产生有机物和繁殖生物的可能。但是铁细菌是一种特殊的自养菌类，它依靠铁盐的氧化，以及在有机物含量极少的清洁水中，利用细菌本身生存过程中所产生的能量而生存。这样，铁细菌附着在管内壁上后，在生存过程中能吸收亚铁盐和排出氢氧化铁，因而形成凸起物。由于铁细菌在生存期间能排出超过其本身体积近500倍的氢氧化铁，所以有时能使水管过水截面发生严重的堵塞。

3.防止管道外腐蚀的措施

管道除使用耐腐蚀的管材外，管道外壁的防腐方法可分为：金属或非金属覆盖的防腐蚀法、电化学防腐蚀法。

（1）覆盖防腐蚀法：

①金属表面的处理。金属表面的处理是搞好覆盖防腐蚀的前提，清洁管道表面可采用机械和化学处理的方法。

②覆盖式防腐处理。按照管材的不同，覆盖防腐处理的方法亦有不同。对于小口径钢管及管件，通常是采取热浸镀锌的措施。明设钢管，在管表面除锈后用涂刷油漆的办法防止腐蚀，并起到装饰及标志作用。设在地沟内的钢管，可按上述油漆防腐措施处理，也可在除锈后刷1～2遍冷底子油，再刷两遍热沥青。埋于土中的钢管，应根据管道周围土壤对管道的腐蚀情况，选择防腐层的种类。

③铸铁管外壁的防腐处理。铸铁管外壁的防腐处理，通常采用浸泡热沥青法或喷涂热沥青法。

（2）电化学防腐蚀法。电化学防腐蚀方法是防止电化学腐蚀的排流法和从外部得到防腐蚀电流的阴极保护法的总称。但是从理论上分析，排流法和阴极防蚀法是类似的，其中排流法是一种经济而有效的方法。

第一，排流法。当金属管道遭受来自杂散电流的电化学腐蚀时，埋设的管道发生腐蚀处是阳极电位，如若在该处管道和流至电源（如变电站的负极或钢轨）

之间，用低电阻导线（排流线）连接起来，使杂散电流不经过土壤而直接回到变电站去，就可以防止发生腐蚀，这就是排流法。

第二，阴极保护法。阴极保护法是从外部给一部分直流电流，由于阴极电流的作用，将金属管道表面上下不均匀的电位消除，不能产生腐蚀电流，从而达到保护金属不受腐蚀的目的。从金属管道流入土壤的电流称为腐蚀电流。从外面流向金属管道的电流称为防腐蚀电流。阴极保护法又分为外加电流法和牺牲阳极法两种。

①外加电流法。是通过外部的直流电源装置，把必要的防腐电流通过地下水或埋设在水中的电极，流入金属管道的一种方法。

②牺牲阳极法。是用比被保护金属管道电位更低的金属材料做阳极，和被保护金属连接在一起，利用两种金属之间固有的电位差，产生防蚀电流的一种防腐方法。

4.防止管道内腐蚀的措施

（1）传统措施。管道内壁的防腐处理，通常采用涂料及内衬的措施解决。小口径钢管采用热浸镀锌法进行防腐处理是广泛使用的方法。大口径管道一般采用水泥砂浆衬里，不但价格低廉，而且坚固耐用，对水质没有影响。

早期采用沥青层防腐，作用在于使水和金属之间隔离开，但很薄的一层沥青并不能充分起到隔离作用，特别是腐蚀性强的水，使钢管或铸铁管用3～5年就开始腐蚀。环氧沥青、环氧煤焦油涂衬的方法，因毒性问题同沥青一样引起争议。

（2）其他措施：

①投加缓蚀剂可在金属管道内壁形成保护膜来控制腐蚀。由于缓蚀剂成本较高及对水质的影响，一般限于循环水系统中应用。

②水质的稳定性处理在水中投加碱性药剂，以提高pH值和水的稳定性，工程上一般以石灰为投加剂。投加石灰后可在管内壁形成保护膜，降低水中H^+浓度和游离CO_2浓度，抑制微生物的生长，防止腐蚀的发生。

（3）管道氯化法。投加氯来抑制铁硫菌杜绝“红水”“黑水”事故出现能有效地控制金属管道腐蚀。管网有腐蚀结瘤时，先进行次氯消毒，抑制结瘤细菌，然后连续投氯，使管网保持一定的余氯值，待取得相当的稳定效果后，可改为间歇投氯。

（二）给水管道清垢和涂料

1.结垢的主要原因

（1）水中含铁量高。水中的铁主要以酸式碳酸盐、碳酸亚铁等形式存在。以酸式碳酸盐形式存在时最不稳定，分解出二氧化碳，而生成碳酸亚铁，经水解生成氢氧化亚铁，氢氧化亚铁与水中溶解的氧发生氧化作用，转为絮状沉淀的氢氧化铁。铁细菌是一种特殊的自养菌类，它依靠铁盐的氧化，顺利地利用细菌本身生存过程中所产生的能量而生存，由于铁细菌在生存过程中能排出超过其本身体积数百倍的氢氧化铁，所以有时能使管道过水断面严重堵塞。

（2）生活污水、工业废水的污染。由于生活污水和工业废水未经处理大量泄入河流，河水渗透补给地下水，地下水的水质逐年变坏。个别水源检出有机物、金属指标超标率严重。这些水源的出厂水已不符合生活饮用水水质标准，因此管网的腐蚀和结垢现象更为严重。

（3）水中悬浮物的沉淀。

（4）水中碳酸钙（镁）沉淀。

在所有的天然水中几乎都含有钙镁离子，同时水中的酸式碳酸根离子转化成二氧化碳和碳酸根离子，这些钙镁离子和碳酸根离子化合成碳酸钙（镁），它难溶于水而变为沉渣。

2.管线清垢的方式

结垢的管道输水阻力加大，输水能力减小，为了恢复管道应有的输水能力，需要刮管涂衬。管道清洗就是管内壁涂衬前的刮管工序。清洗管内壁的方式分水冲洗、机械清洗和化学清洗三种方式。

（1）水冲洗：

①水冲洗。管内结垢有软有硬，清除管内松软结垢的常见方法，是用压力水对管道进行周期性冲洗，冲洗的流速应大于正常运行流速的1.5～3倍。能用压力水冲洗掉的管内松软结垢，是指悬浮物或铁盐引起的沉积物，虽然它们沉积于管底，但同管壁间附着得不牢固，可以用水冲洗清除。

为了有利于管内结垢的清除，在需要冲洗的管段内放入冰球、橡皮球、塑料球等，利用这些球可以在管道变小了的断面上造成较大的局部流速。冰球放入管内后是不需要从管内取出的。对于局部结垢较硬，可在管内放入木塞，木塞两端用钢丝绳连接，来回拖动木塞以加强清除作用。

②汽水冲洗。

③高压射流冲洗。利用5～30MPa的高压水，靠喷水向后射出所产生向前的反作用力，推动运动。管内结垢脱落、打碎、随水流排掉。此种方法适于中、小管道，一般采用的高压胶管长度为50～70m。

④气压脉冲法清洗。该法的设备简单、操作方便、成本不高。进气和排水装置可安装在检查井中，因而无须断管或开挖路面。

（2）机械清洗。管内壁形成了坚硬结垢，仅仅用水冲洗的方法是难以解决的，这时就要采用机械刮除。刮管器有多种形式，对于较小口径水管内的结垢刮除，是由切削环、刮管环和钢丝刷等组成，用钢丝绳在管内使其来回拖动，先由切削环在水管内壁结垢上刻划深痕，然后刮管环把管垢刮下，最后用钢丝刷刷净。

刮管法的优点是工作条件较好，刮管速度快。缺点是刮管器和管壁的摩擦力很大，往返拖动相当费力，并且管线不易刮净。

口径500～1200mm的管道可用锤击式电动刮管机。它是用电动机带动链轮旋转，用链轮上的榔头锤击管壁来达到清除管道内壁结垢的一种机器，它通过地面自动控制台操纵，能在地下管道内自动行走，进行刮管。刮管工作速度为1.3～1.5m/min，每次刮管长度150m左右。这种刮管机主要由注油密封电机、齿轮减速装置、刮盘、链条银头及行走动力机构四个部分组成。

另外还有弹性清管器法。该技术是国外的成熟技术。其刮管的方法，主要是使用聚氨酯等材料制成的“炮弹型”的清管器，清管器外表装有钢刷或铁钉，在压力水的驱动下，使清管器在管道中运行。在移动过程中由于清管器和管壁的摩擦力，把锈垢刮擦下来，另外通过压力水从清管器和管壁之间的缝隙通过时产生的高速度，把刮擦下来的锈垢冲刷到清管器的前方，从出口流走。

（3）化学清洗。把一定浓度（10%～20%）的硫酸、盐酸或食用醋灌进管道内，经过足够的浸泡时间（约16h），使各种结垢溶解，然后把酸类排走，再用高压水流把管道冲洗干净。

3.清垢后涂料

（1）水泥砂浆。管壁积垢清除以后，应在管内衬涂保护涂料，以保持输水能力和延长水管寿命。一般是在水管内壁涂水泥砂浆或聚合物改性水泥砂浆。前者涂层厚度为3～5mm，后者为1.5～2mm。

①LM型螺旋式抹光喷浆机。这种喷浆机将水泥砂浆由贮浆筒送至喷头，再由喷头高速旋转，把砂浆离心散射至管壁上。作业时，喷浆机一面倒退行驶，一面喷浆，同时进行慢速抹光，使管壁形成光滑的水泥砂浆涂层。

②活塞式喷浆机。活塞式喷浆机是利用针筒注射原理，将水泥砂浆用活塞皮碗在浆筒内均匀移动而推至出浆口，再由高速旋转的喷头离心散射至管壁的一种涂料机器，它同螺旋式喷浆机一样，也是多次往返加料，进行长距离喷涂。

（2）环氧树脂涂衬法。环氧树脂具有耐磨性、柔软性、紧密性，使用环氧树脂和硬化剂混合后的反应型树脂，可以形成快速、强劲、耐久的涂膜。

环氧树脂的喷涂方法是采用高速离心喷射原理，一次喷涂的厚度为0.5～1mm，便可满足防腐要求。环氧树脂涂衬不影响水质，施工期短，当天即可恢复通水。但该法设备复杂，操作较难。

（3）内衬软管法。内衬软管法即在旧管内衬套管，有滑衬法、反转衬里法、“袜法”及用弹性清管器拖带聚氨酯薄膜等方法，该法改变了旧管的结构，形成了“管中有管”的防腐形式，防腐效果非常好，但造价比较高，材料需要进口，目前大量推广有一定的困难。

（4）风送涂料法。国内不少部门已在输水管道上推广采用了风送涂衬的措施。利用压缩空气推进清扫器、涂管器，对管道进行清扫及内衬作业。用于管道内衬前的除锈和清扫，一般要反复清扫3～4遍，除去管内壁的铁锈，并把管段内杂物扫除。用压力水对管段冲洗，用压缩空气再把管内余水吹排掉。

压缩空气涂衬时，将两涂管器放好，按分层涂衬的材料需用量均匀地从各加料口装入管内。缓慢地送入压缩空气，推动涂管器完成第一遍内衬防腐，养护5h后进行第二遍内衬防腐。

消除水管内积垢和加衬涂料的方法，对恢复输水能力的效果很明显，所需费用仅为新埋管线的1/12～1/10，还有利于保证管网的水质。但对地下管线清垢涂料，所需停水时间较长，影响供水，在使用上受到一定的限制。

（三）阀门的管理

1.阀门井的安全要求

阀门井是地下建筑物，处于长期封闭状态，空气不能流通，造成氧气不足。所以井盖打开后，维修人员不可立即下井工作，以免发生窒息或中毒事故。应首先使其通风半小时以上，待井内有害气体散发后再行下井。阀门井设施要保持清洁、完好。

2.阀门井的启闭

阀门应处于良好状态，为防止水锤的发生，启闭时要缓慢进行。管网中的一般阀门仅作启闭用，为减少损失，应全部打开，关闭时要关严。

3.阀门故障的主要原因及处理

阀杆端部和启闭钥匙间打滑。主要原因是规格不吻合或阀杆端部四边形棱边损坏，要立即修复。

阀杆折断，原因是操作时搞错了旋转方向，要更换杆件。

阀门关不严，造成的原因是在阀体底部有杂物沉积。可在来水方向装设沉渣槽，从法兰入孔处清除杂物。

因阀杆长期处于水中，造成严重锈蚀，以至无法转动。解决该问题的最佳办法是：阀杆用不锈钢，阀门丝母用铜合金制品。因钢制杆件易锈蚀，为避免锈蚀卡死，应经常活动阀门，每季度一次为宜。

4.阀门的技术管理

阀门现状图纸应长期保存，其位置和登记卡必须一致。每年要对图、物、卡检查一次。工作人员要在图、卡上标明阀门所在位置、控制范围、启闭转数、启闭所用的工具等。对阀门应按规定的巡视计划周期进行巡视，每次巡视时，对阀门的维护、部件的更换、油漆等均应做好记录。启闭阀门要由专人负责，其他人员不得启闭阀门。管网上的控制阀门的启闭，应在夜间进行，以防影响用户供水。对管道末端，水量较少的管段，要定期排水冲洗，以确保管道内水质良好。要经常检查通气阀的运行状况，以免产生负压和水锤现象。

5.阀门管理要求

阀门启闭完好率应为100%。每季度应巡回检查一次所有的阀门，主要的输水管道上阀门每季度应检修、启闭一次。配水干管上的阀门每年应检修、启闭一次。

四、给水管网运行调度

城市供水系统一般由取水设施净水厂、送水泵站（配水泵站）和输配水管网构成。供水系统从水源地取水，送入净水厂进行净化处理，经泵站加压，将符合国家水质标准的清洁水通过配水管网送至用户。城市供水系统通常是由若干座净水厂向配水管网供水。每座净水厂的送（配）水泵站设有数台水泵（包括调速水泵），根据需水量进行调配。此外，某些给水区域内的地形和地势对配水压力影响较大时，在配水管网上可设有增压泵站、调蓄泵站或高位水池等调压设施，以保证为用户安全、可靠和低成本供水。

城市供水系统的调度工作主要是掌握各净水厂送水量、配水管网特征点的运行状态，根据预定配水需求计划方案进行生产调度，并且进行供水需求趋势预测、管网压力分布预期估算与调控和水厂运行的宏观调控等。

（一）城市供水调度的目标与任务

城市供水调度的目的是安全可靠地将符合水压和水质要求的水送往每个用户，并最大限度地降低供水系统的运行成本。既要全面保证管网的水压和水质，又要降低漏水损失和节省运行费用；不仅要控制水泵（包括加压泵站的水泵），水池、水塔、阀门等的协调运行，并且要能够有效地监视、预报和处理事故；当管网服务区域内发生火灾、管道损坏、管网水质突发性污染、阀门等设备失控等意外事件时，能够通过水泵、阀门等的控制，及时改变部分区域的水压，隔离事故区域，或者启动水质净化或消毒等设备。

供水管网水质控制是城市供水调度的一项新内容，受到越来越多的重视。城市的供水管网往往随着用水量的增长而逐步形成多水源的供水系统，通常在管网中设有中间水池和加压泵站。多水源供水系统必须由调度管理部门，即调度中心及时了解整个供水系统的生产运行情况，采取有效的科学方法和强化措施，执行集中调度的任务。通过管网的集中调度，各水厂泵站不再只根据本厂水压的大小来启闭水泵，而是由调度中心按照管网控制点的水压确定各水厂和泵站运行水泵的台数。这样，既能保证管网所需的水压，又可避免因管网水压过高而浪费能量。通过调度管理，可以改善运转效果，降低供水的耗电量和生产运行成本。

调度管理部门是整个管网也是整个供水系统的管理中心，不仅要负责日常的运转管理，还要在管网发生事故时，立即采取措施。要做好调度工作，必须熟悉各水厂和泵站中的设备，掌握管网的特点，了解用户的用水情况。

（二）城市供水调度系统组成

现代城市供水调度系统，就是应用自动检测、现代通信计算机网络和自动控制等现代信息技术，对影响供水系统全过程各环节的主要设备、运行参数进行实时监测、分析，提出调度控制依据或拟定调度方案，辅助供水调度人员及时掌握供水系统实际运行工况，并实施科学调度控制的自动化信息管理系统。

目前，国内外供水行业应用现代信息技术的调度系统，多数仍为由自动化信息管理系统辅助调度人员实施调度控制工作，属于一种开环信息管理控制系统（半自动控制系统）。只有当供水调度管理系统满足以下条件时：基础档案资料完备且准确；检测、通信、控制等技术及设备可靠；检测、控制点分布密度合理；与地理信息管理、专家分析系统有机结合后，才有可能实现真正的全自动化计算机调度。

城市供水调度系统由硬件系统和软件系统组成，可分为以下组成部分。

（1）数据采集与通信网络系统包括：检测水压、流量、水质等参数的传感器、变送器；信号隔离、转换、现场显示，防雷、抗干扰等设备；数据传输（有线或无线）设备与通信网络；数据处理、集中显示、记录打印等软硬件设备。通信网络应与水厂过程控制系统、供水企业生产调度中心等联通，并建立统一的接口标准与通信协议。

（2）数据库系统即调度系统的数据中心，与其他三部分具有紧密的数据联系，具有规范的数据格式（数据格式不统一时，要配置接口软件或硬件）和完善的数据管理功能。一般包括：地理信息系统（GIS），存放和处理管网系统所在地区的地形、建筑、地下管线等的图形数据；管网模型数据，存放和处理管网图及其构造和水力属性数据；实时状态数据，如各检测点的压力、流量、水质等数据，包括从水厂过程控制系统获得的水厂运行状态数据；调度决策数据，包括决策标准数据（如控制压力、水质等）决策依据数据、计算中间数据（如用水量预测数据）决策指令数据等；管理数据，即通过与供水企业管理系统接口获得的用水抄表、收费、管网维护、故障处理、生产核算成本等数据。

（3）调度决策系统是系统的指挥中心，又分为生产调度决策系统和事故处理系统。生产调度决策系统具有系统仿真，状态预测、优化等功能；事故处理系统则具有事件预警、侦测、报警、损失预估及最小化、状态恢复等功能，通常包括爆管事故处理和火灾事故处理两个基本模块。

（4）调度执行系统由各种执行设备或智能控制设备组成，可以分为开关执行系统和调节执行系统。开关执行系统控制设备的开关、启停等，如控制阀门的开闭、水泵机组的启停，消毒设备的运停等；调节执行系统控制阀门的开度、电机转速、消毒剂投量等，有开环调节和闭环调节两种形式。调度执行系统的核心是供水泵站控制系统，多数情况下，它也是水厂过程控制系统的组成部分。

以上划分是根据城市供水调度系统的功能和逻辑关系进行的，有些部分为硬件，有些则为软件，还有一些既包括硬件也包括软件。初期建设的调度系统不一定包括上述所有部分，根据情况，有些功能被简化或省略，有时不同部分可能共用软件或硬件，如用一台计算机进行调度决策兼数据库管理等。

（三）城市供水优化调度数学方法

城市供水优化调度的目标是在满足管网系统中各节点的用水量和供水压力条件下，合理地调度供水系统中各水厂供水泵站和水塔、水池的运行，达到供水成本最小的目标。当供水系统中的各水厂的生产成本相同时，达到供水电费最低。

城市供水优化调度的数学方法就是首先提出优化调度数学模型，然后采用适当的数学手段进行求解，最后用求解结果形成调度执行指令。目前，常用的数学方法可分为微观数学模型法和宏观数学模型法两种类型。

微观数学模型法将管网中尽可能多的管段和节点纳入模拟计算，通过管网水力分析，求解满足管网水力条件的最经济压力分布，优选最适合该压力分布方案的水泵组合及调速运行模式。微观数学模型与管网的物理相似性很好，但其计算时间较长，数据准备工作量很大。

宏观数学模型法不考虑泵站和测压点之间实际管网的物理连接，而是用假想的简化管网将它们连接起来，甚至完全不考虑它们之间的物理连接，而是通过统计数学或人工智能等手段确定它们之间的水力关系，并由此计算确定优化调度方案。宏观数学模型比较简单，计算速度快，但模型参数不易准确，需要较长时期的数据积累和模型校验。而且，一旦管网进行改造和扩建，宏观数学模型需要重新调整和校验。

管网建模是建立供水管网水力模型的简称，是研究和解决管网问题的重要数学手段。管网优化调度技术的成功运用有两个重要基础，一是调度时段用水量的准确预测；二是建立准确的管网水力模型。如果它们不准确，再好的优化调度算法也是没有意义的。

（1）管网建模的基础工作。做好管网基础资料的收集、整理和核对工作，是管网建模工作的基础。管网建模与建立管网地理信息系统（GIS）相结合是发展方向。

（2）管网模型的表达。正确合理的管网模型表达方法是重要的，国外在此方面的研究已经很成熟，值得借鉴。国内对于管网模型的概念体系已经基本建立，但一些特殊的水力元件（如减压阀等）还无法处理，模型表达的数据格式和标准化编码还有待研究。

（3）模型的校核与修正。由于管网模型准确性有待提高和管网构造本身的变化与发展，管网模型要经常进行校核和修正。较为理想的是采用动态模型技术，即通过各种检测、分析和计算手段，在管网运行中，实时地验证管网模型的准确性，并随时修正。为了检测管网运行的实际状态，必须安装各种压力和流量检测设备，如果利用管网模型进行的调度计算所得结果与实测值不一致，要根据误差进行模型修正。

管网优化调度的宏观模型法，就是建立一种高度抽象的管网动态模型，因为其模型较微观模型具有更大的不确定性，必须在调度运行过程中不断修正。

（四）城市供水运行调度管理

1.运行调度管理机构

我国目前运行调度管理机构大致有两种类型：对整个制、配水体系由单一中心运行调度机构进行统一、集中调度管理，称为一级调度管理系统，适用于小型城市；对生产、配水系统分别通过水厂运行调度和中心运行调度二级机构进行相对独立又相互联系调度管理，称为二级调度管理系统，适用于大中城市。

尽管城市供水行业的调度机构的形式不一，但就其内在联系而言，都承担着水厂（泵站）的运行管理、管网运行管理，以及对两者进行协调和对本地区的供水进行统一调度这三种工作职能。依据这三种工作职能，有条件时宜设置水厂（泵站）运行调度和中心运行调度并存的调度机构。

2.履行调度岗位职责

（1）水厂（泵站）运行调度岗位职责：

①运行调度的范围为取水，输水和净化工艺设施。

②编制和实施净水系统的运行方式。

③执行中心运行调度指令。

④分析水质、水量、水压、能耗等经济指标，提出改进水厂经济运行的措施。

（2）调度中心运行调度岗位职责：

①运行调度的范围包括送水设备（含管网加压泵站）、出厂（站）阀门、输配水管网。

②编制和实施供水系统的运行方案。

③协调水厂运行和管网运行之间的关系，制定和实施因管道工程施工需大面积降压、停水的运行调度方案。

④负责或组织安排调度系统内有关软件系统与硬件设备管理、维护和检修。

⑤全面分析水质、水量、水压、电耗、药耗等经济指标，提出改进供水系统运行的措施。

3.运行调度岗位人员要求

调度人员须具有一定的给水排水、电气及计算机专业知识；掌握调度工作的基本原理和工作标准；了解城市供、用水量及水压的变化规律；熟悉国家对水质、水压、电耗的要求与标准；能够依据公司生产计划，制定合理、经济的调度方案。同时，依据其调度权限、职责的不同，调度人员还应达到相应的技术要求。

（1）水厂（泵站）运行调度人员，应熟悉本厂（站）的生产能力、生产工艺过程、电气设备一次接线图、设备性能及状况、厂（站）管道阀门布置及供水范围、水量的曲线计算及经济运行中的有关技术参数等。

（2）中心运行调度人员，应熟悉系统内所属各水厂（泵站）的生产能力、生产工艺过程、设施状况、专（备）用电源的线路图、供水管道和阀门的布置、供水范围，掌握管道工程施工及维修的工程量、工程进度，以及所影响的供水范围。

4.调度事件管理

调度事件主要指因实际需要或意外因素，对供水设施进行检修（包括计划检修、临时检修和事故处理检修），从而导致供水管网降压甚至停水。

调度事件的申报注销与变更应遵循以下原则：

（1）凡因检修需要而将导致水厂（泵站）、管网降压及停水，须由水厂（泵站）运行调度人员事先向中心运行调度提出申请，由中心运行调度统一安排。

（2）为了减少检修次数，保证正常供水，在安排设备检修时，应对水厂、泵站、供电以及管网进行全盘考虑，尽可能地使各项检修工作同步进行。

（3）检修、降压、停水工作应尽量做到有计划地安排，并依据其影响的程度和范围，至少在工作实施的前一天，通过报纸、电视、网站等传媒或人工通知到用户，以便用户能及时地安排好生产和生活。

（4）突发性事故发生时，应边进行紧急检修，边利用传媒或人工尽可能地通知到用户。必要时用水车送水到户。

（5）已安排的检修、降压、停水事件，如因特殊原因需要注销或变更时，应迅速告知用户。再次进行此项工作时，应重新办理有关手续。

5.运行调度规章制度

为实现城市供水调度目标，保证城市供水安全，运行调度一般应遵守：运行值班制度；交接班制度；调度事件的申报、注销与变更制度；调度指令下达与执行情况考核制度；调度设备维护管理制度；阀门调度管理制度；安全防火制度。

第二节　排水管网维护与运行管理

排水管网是城市重要的基础设施之一，是城市水污染防治、排渍防涝和防洪的骨干工程，担负着收集城市生活污水和工业生产废水、及时排除城区雨水的任务，是保证城市正常运转的重要生命线。城市排水管网系统是一个结构复杂、规模庞大、随机性强的巨型网络系统，它由收集管网、提升泵站、输送干线、污水处理排放与回用系统组成。目前，城镇化急剧膨胀，排水管道建设日益加速，旧城区的管道系统逐渐老化，已有管网缺乏维护管理，很多排水管道不能健康运行。排水管道的健康问题直接威胁道路交通、地下管线及附近的建（构）筑物的安全，污染土质和地下水，影响城市的正常运行。

一、排水管网维护和管理现状

目前，我国大部分城市的排水管网运行管理水平较低，很多城市仍然沿用传统人力养护和经验管理的模式，机械化和信息化程度都比较低，无法体现排水管网的复杂网络特征。有部分发达城市已经采用了基于GIS的管理模式，但专业分析功能通常较弱，系统仅体现了排水管网的地理特征，只实现了基本的地图显示和查询功能，缺少网络分析、动态模拟和优化分析等专业功能，不能为排水管网安全运行提供科学的决策支持。

随着我国城市化进程的加快，城市排水管网系统快速增长，整体规模持续扩大，排水管网管理的难度也越来越大。长期以来，我国排水管网系统管理中存在的问题，主要包括以下五个方面：

（1）排水管网系统重建设、轻维护的情况普遍存在，管道维护技术依旧十分落后，与日益发展的城镇建设和水环境改善要求不相适应。

（2）缺乏全面完整、科学有效的管道养护筛选数据库，难以制订高效的管道养护计划，排水管网及排水设施的管理养护随意性与主观性大，养护效果也较难评估。

（3）大部分城市排水管网数据资料管理方式分散、不系统，排水管网数据不完整、不准确，管理法规和相关技术标准不完善，缺乏完善可靠的排水管网数字化管理技术规范。

（4）缺乏有效的管网状态评估和运行监测手段，不能及时准确地掌握管网运行状况的变化，基于在线数据的全管网系统分析和动态模拟管理模式鲜有应用案例。

（5）排水管网的调度控制分析、布局优化分析和应急事故分析缺乏科学依据，流域级别的综合管理模式无法实现，在应对城市防汛抢险等危急事件过程中，现有的管理调度手段常显无力。

二、排水管网维护工作

排水管网日常维护的最终目的是管道设施完好无损、管通水畅，保障城市排水交通（包括车辆、人员）安全。

排水管网日常维护工作主要包括管道的巡视和检查，检查井及雨水口的清掏，沟渠的疏通作业，损坏设施的修复，排水用户接管检查等。

（一）检查井、雨水口养护

检查井是排水管中连接上下游管道并供养护工人检查维护和进入管内的构筑物。检查井的养护包括对井盖安全性的检查，井内沉泥的清除等内容。

铸铁井盖和雨水等宜加装防丢失的装置，优先采用防盗型井盖，或采用混凝土、塑料树脂等非金属材料的井盖。井盖的标识必须与管道的属性相一致。雨水、污水、雨污合流管道的井盖上应分别标注“雨水”“污水”“合流”等标识。井盖在车辆经过时不应出现跳动和声响。

井盖下沉是检查井养护中的常见问题。传统的井框坐落在井筒上，车辆荷载也都压在井筒上，造成检查井下沉，路面凹陷。近年来，有些城市开始在一些重车道路上试用一种称为大盖板的分离式井盖，将荷载通过混凝土大盖板传递到路基上，并取得一定效果。与此同时，在推广塑料检查井时也采用了这种大盖板。但大盖板的尺寸很大（有2m×2m），不仅笨重，而且占用了很多地下空间，影响其他管线的施工和维护，加上施工时间长、成本高，所以实际应用并不多。

针对井盖下沉的情况，近年来有些城市的市政工程管理部门开始推广一种称为自调试井盖的新型井盖。自调试井盖最早用于德国等欧洲国家，其井座与井筒分离，通过顶部的宽边将车辆荷载直接传递给路面。由于路面的材料强度远远大于路基强度，所以不需要像大盖板那样做得很大。自调试井盖采用混凝土和球墨铸铁的混合结构，不仅平整、不下沉，而且防盗。

开启与关闭检查井井盖是经常性的养护工作，井盖开启严禁直接用手操作，开启必须采取相应的安全措施，立即加盖安全网盖或设置安全护栏，白天应加挂三角红旗，夜间应加点红灯或设置反光锥。日常维护中，经常会遇到井盖被卡死在井框内的情况，即便使用撬棒、大锤仍很难打开。这不仅消耗了工人的体力，也浪费了宝贵的时间。目前有一种液压开盖器，是由一小段槽钢制成，前端支点搁在井盖上，中间的吊钩钩住井盖开启孔，只需按动尾端力点下面的千斤顶就能把卡死的井盖轻松打开。某市排水管理处在德国的杠杆式开盖器的启发下，研制成这种液压开盖器并批量生产。

雨水口是用于收集地面雨水的构筑物。雨水箅是安装在雨水口上部带格栅的盖板，它既能拦截垃圾、防止坠落，又能让雨水通过。为防止雨水箅被盗，常将金属雨水箅更换成非金属材料雨水箅，雨水箅更换后的过水断面不得小于原设计标准，避免过水断面减少，影响排水效果，目前在实际应用中，效果不佳。

在合流制地区，雨水口异臭是影响城镇环境的一个突出问题。国外的解决方法是在雨水口内安装防臭挡板或水封。安装水封也有两种做法，一是采用带水封的预制雨水口；二是给普通雨水口加装塑料水封，水封的缺点是在少雨的季节里会因缺水而失效。

在德国的许多城市，雨水口内都装有一个用镀锌铁皮做的用来拦截垃圾的网筐，有圆形和椭圆形两种，还装有把手。网篮下部有细的排水孔，上部四周有较大的排水孔用来排除雨水。平时烟头、树叶、垃圾被尽收其中，养护工人只需定期开车把网箱中的垃圾倒入车中。省去了清掏作业，简单，省力。

（二）清掏作业

排水管道及附属构筑物的清掏作业的工作量很大，通常要占整个养护工作的60%～70%。管道、检查井和雨水口内不得留有石块等阻碍排水的杂物。我国清掏检查井和雨水口的技术数十年来几乎没有大的改变，除少数发达城市外，大部分城镇依旧沿用大铁勺、铁铲等手工工具，工作效率低，劳动强度大，安全隐患多。在有条件的地方，检查井和雨水口的清掏宜采用吸泥车、抓泥车等机械作业。

吸泥车按工作原理可分为真空式、风机式和混合式三种：

1.真空式吸泥车

采用气体静压原理，工作过程是由真空泵抽去储泥罐内的空气，产生负压，利用大气压力把井下的泥水吸进储泥罐。真空式吸泥适用于管道满水的场合，抽泥深度受大气压限制。真空式吸泥车的吸泥管可以插入水面以下吸泥，理论上，在一个大气压下总吸水高度不能超过10m，但实际上，由于受到机械损耗和车辆本身高度影响，最多只能吸取井深小于5m井底的污泥，且一旦吸入空气后真空度下降较快。

2.风机式吸泥车

采用空气动力学原理，适用于管道少水的场合，抽泥深度不受真空度限制，利用高速气流产生真空，吸泥管插入水下则无法工作，故受高水位地区影响较大，但总吸水深度不受10m水真空度的限制，吸入空气后对真空度影响不大。

3.混合式吸泥车

采用大功率真空泵，兼有储气罐产生高负压和吸泥产生较强气流的功能，适用于管道满水和少水的场合，抽泥深度不受真空度限制。

在井内，泥和水处在分离而非混合状态，泥沉积在井底，水的流动性比泥流动性好很多，所以所吸污泥含水率很高，效率不高。为了克服所吸污泥含水率高的问题，近年来广州、上海等城市在采用吸泥车的同时还开始使用抓泥车并取得很好的效果。抓泥车装有液压抓斗，价格低，车型比吸泥车小，对道路交通的影响小，污泥含水率也比吸泥车低许多，但最后的剩余污泥很难抓干净，且只有在带沉泥槽的井里才能发挥优势。为适应抓泥车养护的需要，排水行业管理部门专门发了指导意见，要求在新建、改建雨水排水管道时，每隔2座井设1座沉泥槽深度达1m的落底井。

（三）管道疏通

管道疏通离不开疏通工具，通沟器（俗称通沟牛）是一种在钢索的牵引下，用于清除管道积泥的除泥工具，形式有桶形、铲形、圆刷形等。

1.绞车疏通

绞车疏通是采用绞车牵引通沟器清除管道积泥的疏通方法。绞车疏通在我国可能已有上百年历史，目前仍旧是天津、沈阳等许多城市管道的主要疏通方法。其主要设备包括绞车、滑轮架和通沟牛。绞车可分为手动和机动两种。其中，滑轮架的作用是避免钢索与管口、井口直接摩擦，通沟牛的作用是把污泥等沉积物从管内拉出来。由于受到管内沉积物的性质和数量不同（如建筑工地排放的泥浆沉积物），存在将通沟牛按从小到大的顺序反复疏通的情况，专业上把这种作业称“复摇”。

在绞车疏通时，为了防止井口和管口被钢索磨损，也为了延长钢索的使用寿命，必须使用滑轮架来加以保护。我国的滑轮架目前大多用角钢或钢管整体制成，长度有2m、3m、4m不等，将笨重的滑轮放入井内或从检查井中取出需耗费大量体力。国外普遍采用分体式滑轮，搁在井口，下滑轮用钢管固定在管口。

2.推杆疏通

推杆疏通是一种用人力将竹片、钢条等工具推入管道内清除堵塞的疏通方法，按推杆的不同，又分为竹片疏通或钢条疏通等。

3.转杆疏通

转杆疏通是采用旋转疏通杆的方式来清除管道堵塞的疏通方法，又称为轴疏通或弹簧疏通。转杆疏通机按动力不同可分为手动、电动和内燃几种，目前我国生产的只有手动和电动两种，电动疏通机在室外使用时供电比较麻烦。转杆机配有不同功能的钻头，用以疏通树根、泥沙、布条等不同堵塞物，其效果比推杆疏通更好。

4.射水疏通

射水疏通是采用高压射水清通管道的疏通方法。因其效率高、疏通质量好，近20年来已被我国许多城市逐步采用。不少城市还进口了集射水与真空吸泥为一体的联合吸污车，有些还具备水循环利用的功能，将吸入的污水过滤后再用于射水。射水疏通在支管等小型管中效果特别好，但是在管道水位高的情况下，由于射流速度受到水的阻挡，疏通效果会大大降低。多数射水车的水压都在14.7MPa左右，少数可达19.6MPa，在非满管流的情况下能较好地清除一般管壁油垢和管道污泥。

5.水力疏通

水力疏通就是采用提高管渠上下游水位差，加大流速来疏通管渠的一种方法。水力疏通具有设备简单、效率高、疏通质量好、成本低、能耗省、适用范围广的优点，水力疏通一般可采用以下方式来达到加大流速的目的：

在管道中安装自动或手动闸门，蓄高水位后突然开启闸门形成大流速；暂停提升泵站运转，蓄高水位后再集中开泵形成大流速；

施放水力疏通浮球的方法来减少过水断面，达到加大流速清除污泥的目的。

水力疏通优点很多，但缺点也明显，主要是：

（1）容易发生逃“牛”，容易将泥沙冲入泵站的泵排系统中，造成泵机故障或损坏。

（2）在泵排系统中，需要泵站进行配合，在管、泵分别管理体制下，协调困难。

（3）在直排江河的排水系统中，如无特别的措施，将增加排入江河的泥沙量，对环境有一定污染，目前这种方法使用不多，在我国很多城市都已不再使用。

（四）管道封堵

在进行管道检测、疏通、修理等施工作业之前大多需要封堵原有管道。传统的封堵方法如麻袋封堵、砖墙封堵等存在工期长、工作条件差、封堵成本高、拆除困难等缺点。近20多年来，充气管塞的研制和应用在国外发展很快。

充气管塞使用方便，只需清除管底污泥，将管塞放入管口，充气，然后加上防滑动支撑。在正常情况下，封堵一个1500mm的管道只需半个多小时。拆除封堵则更加方便，而且不会像拆除砖墙那样留下断墙残坝影响管道排水。充气管塞主要由橡胶加高强度尼龙线制成，配有充气嘴、阀门、胶管、压力表等。按膨胀率不同充气管塞可分为单一尺寸的和多尺寸的两种。单一尺寸的一个管塞只能用于一个管径，国产充气管塞大多属于这种。多尺寸的一个管塞可用于多种管径，如一个小号管塞可分别用于300～600mm任何尺寸的管道，一个中号管塞可分别用于600～1000mm任何尺寸的管道。

按功能不同，充气管塞还可分为封堵型、过水型（又称旁通型）和检测型等几种。过水型管塞能将上游来水经过旁通管接通下游管道，在一定程度上解决了施工期间的临时排水问题。检测型管塞则可用来检测管道渗漏以及管道验收前的闭水试验或闭气试验。尽管多尺寸管塞的价格较贵，而且需要进口，但由于其优异的性能和广泛的用途，多尺寸管塞在江、浙、沪地区还是受到排水施工单位的青睐。

使用充气管塞要注意的事项：

（1）注意阅读产品出厂说明中的背水压力值，防止出现因背水压力超过管塞与管道的摩擦力时发生的滑动，造成人员或设备的损失。

（2）必须在产品规定的充气压力范围内，防止发生爆炸。

（3）充气管塞在使用中会发生缓慢漏气现象，需要加强观察补气，故仅适用于短时间的，且无人员在管道内的作业。

（五）井下作业

井下清淤作业宜采用机械作业方法，并应严格控制人员进入管道内作业。井下作业必须严格执行作业制度，履行审批手续，下井作业人员必须经过专业安全技术培训、考核，具备下井作业资格，并应掌握人工急救技能和防护用具、照明、通信设备的使用方法。井下作业前，应开启作业井盖和其上下游井盖进行自然通风，且通风时间不应小于30min。当排水管道经过自然通风后，井下的空气含氧量不得低于19.5%，否则应进行机械通风。管道内机械通风的平均风速不应小于0.8m/s。有毒有害、易燃易爆气体浓度变化较大的作业场所应连续进行机械通风。

下井作业前，应对作业人员进行安全交底，告知作业内容和安全防护措施及自救互救的方法，做好管道的降水、通风以及照明、通信等工作，检测管道内有害气体。作业人员应佩戴供压缩空气的隔离式防毒面具、安全带、安全绳、安全帽等防护用品。

井下作业时，必须配备气体检测仪器和井下作业专用工具，并培训作业人员掌握正确的使用方法。井下作业时，必须进行连续气体检测，井室内应设置专人呼应和监护。下井人员连续作业时间不得超过1h。

（六）排水管道检查

排水管道检查可分为管道状况巡查，移交接管检查和应急事故检查等。管线日常巡查的内容主要包括及时发现和处理污水冒溢、管道塌陷，违章占压、违章排放、私自接管等情况及影响排水管道运行安全的管线施工、桩基施工等。对完成新建、改建、维修或新管接入等工程措施的排水管道，在向排水管道管理单位移交投入使用之前，应进行接管检查，结构完好、管道畅通的，接管单位可接管并正式投入使用。排水管道应急事故时，经检修、清通后，管理维护部门也须对管道内的状况进行应急检查。管道检查项目可分为功能状况和结构状况两类：功能状况检测是对管道畅通程度的检测；结构状况检测是对管道结构完好程度的检查，例如管道接头、管壁、管基础状况等，与管道的结构强度和使用寿命密切相关。

管道功能状况检查的方法相对简单，加上管道积泥情况变化较快，所以功能性状况的普查周期较短；管道结构状况变化较慢，检查技术复杂且费用较高，故检查周期较长，德国一般采用8年，日本采用5～10年。在实施结构性检测前应对管道进行疏通清洗，管道内壁应无泥土覆盖。

排水管道检查可采用电视检查、声呐检测、反光镜检查、人员进入管道、水力坡降检查、潜水检查等方法进行。

1.电视检查

管网健康检查一般采用管道内窥电视检测系统，即CCTV（Closed Circuit Television，CCTV）检测，电视检测是采用远程采集图像，通过有线传输方式，对管道内状况进行显示和记录的检测方法。该系统出现于20世纪50年代，到该世纪80年代此项技术基本成熟。CCTV可以进入管道内进行摄像记录，技术人员根据检测录像进行管道状况的判读，可以确定下一步管道修复采用哪种方法比较合适。

通常，CCTV系统有自走式和牵引式两种，其中自走式系统较为常见。电视检测时应控制管内水位不宜大于直径的20%。在对每一段管道开拍前，必须先拍摄看板图像，看板上应写明道路或被检对象所在地名称、起点和终点编号、属性、管径以及时间等。爬行器的行进方向应与水流方向一致。管径小于等于200mm时，直向摄影的行进速度不宜超过0.1m/s；大于200mm时，直向摄影的行进速度不宜超过0.15m/s。圆形或矩形排水管道摄像镜头移动轨迹应在管道中轴线上，蛋形管道摄像镜头移动轨迹应在管道高度2/3的中央位置，偏离不应大于±10%。影像判读时应在现场确认并录入缺陷的类型和代码。剪辑图像应采用现场抓取最佳角度和最清晰图片方式，特殊情况下也可采用观看录像抓取图片的方式。

2.声呐检查

声呐是一种利用水中声波对水下目标进行探测、定位的电子设备。最早用于海军，以后扩大到海洋地貌、鱼群探测等领域，用于排水管道检测的时间还不长，主要用于管道水下功能性检测。声呐检测可与电视检测同步进行。电视检测必须在水面以上的环境中才能使用，而声呐则可以在高水位的管道中工作。在排水管道检测中，如果管道中充满水，那么管道中的能见度几乎为零，故无法直接采用CCTV进行检测。声呐技术正好可以克服此难点。将声呐检测仪的传感器浸入水中进行检测。和CCTV不同，声呐系统采用一个适当的角度对管道内进行检测，声呐探头快速旋转，向外发射声呐波，然后接收被管壁或管中物反射的信号，经计算机处理后，形成管道纵横断面图。

用于管道检测的管道声呐装置主要由声呐头、线缆、显示器等部分组成。每种技术都有它的适用范围，虽然声呐图像不能反映裂缝等管道缺陷，但在检查管道变形、管道积泥等方面非常准确。近年来，某市排水管理处都会定期采用声呐技术对各区排水管道的积泥状况进行检查考核，并取得满意的效果。

声呐探头的推进方向应与流向一致，探头行进速度不宜超过0.1m/s。声呐检测时管内水深不宜小于300mm。声呐系统的主要技术参数包括：反射的最大范围不小于3m；125mm范围的分辨率应小于0.5mm；均匀采样点数量应大于250个。检测前应从被检管道中取水样通过调整声波速度对系统进行校准。在进入每段管道记录图像前，必须录入地名和被测管段的起点、终点编号。

3.人员进入管内检查

对人员进入管内检查的管道，其直径不得小于800mm，流速不得大于0.5m/s，水深不得大于0.5m。人员进入管内检查宜采用摄影或摄像的记录方式。

4.潜水检查

采用潜水检查的管道，其管径不得小于1200mm，流速不得大于0.5m/s。从事管道潜水检查作业的单位和潜水员必须具有特种作业资质。

5.水力坡降检查

水力坡降检查在国外经常被用来调查管道的水力状况，在很多城市也经常用来帮助确定管道堵塞的位置并取得很好的效果。水力坡降检查前，应查明管道的管径、管底高程、地面高程和检查井之间的距离等基础资料。水力坡降检测应选择在低水位时进行。泵站抽水范围内的管道，也可从开泵前的静止水位开始，分别测出开泵后不同时间水力坡降线的变化，同一条水力坡降线的各个测点必须在同一个时间测得。测量结果应绘成水力坡降图，坡降图的竖向比例应大于横向比例。

具体做法是先绘制一张标有检查井位置的被调查管线流向图，并查明管径、相关检查井之间的间距、地面高程和管底高程，如果查不到高程资料则须实地补测。试验当日先停开下游泵站，让管道水位抬高，同时安排测量人员在各自负责的检查井测量水位。泵站停开时各测点的水位应该是一条水平线，泵站开车后每隔5～10min各测量点同时测量一次水位，连续测量1～2h。最后绘制抽水试验图并进行分析。抽水试验图中应包括地面高程线、管顶高程线、管底高程线和数条不同时间的液面坡降线。如果最终的液面坡降线与管底坡降线大致平行，则说明管道没有明显堵塞，如果某一管段的最终液面坡降线明显变陡则说明该管段中有堵塞，测量点越密，精度越高。

6.混接排查

我国的分流制排水系统中大多存在雨污水混接的情况。污水接入雨水管会污染水体，雨水接入污水管则无谓地增加了污水处理厂的处理量。国外通常采用染色试验和烟雾试验来发现雨污水混接。染色试验的方法是将染色剂倒入污水管，接着打开相邻的雨水井盖观察，如果在雨水管中发现颜色，则说明有雨污水混接存在，高锰酸钾是可选用的染色剂之一。

烟雾试验是以专用送风机将烟雾发生器产生的烟雾送入检查井，如果在不应该出现烟雾的地方有烟雾冒出，则表明存在混接，或管道中有裂缝或泄漏。

7.电子测漏

在地下水位高的地区，在设计污水管流量时一般都要加上10%的地下水渗入量。同济大学的一项研究表明：在有些城市中心城区旧管道中，地下水的渗入量有时竟高达30%。有些污水处理厂的进水化学需氧量（Chemical Oxygen Demand，简称COD）浓度只有150mg/L左右，一个重要原因就是地下水渗入。到目前，调查地下水渗入的方法有供排水量对比法、水桶测量法、COD浓度对比法、温度对比法、电视检测法等。这些方法大多存在工作量大、准确率不高等问题。

近年来，国外开始应用电流法检测排水管道渗漏，其中就有一种名为FELL的技术。FELL是Fast Electro-Scan Leak Locator五个单词中的四个首字母：快速、电子、泄漏、定位仪的缩写。该技术的原理是通过管壁电阻变化来确定漏点的位置。

FELL具有以下技术特点：

（1）操作简便、快速，一次检测即可探测管道内所有错接、破裂等泄漏点。

（2）精确定位管道缺陷（精度2cm）。

（3）成本低、效率高，成本仅为CCTV检测的1/4，效率为CCTV检测的3倍。

8.对用户接管的审批和监督

为加强对用户排水许可的管理，排水管理部门应严格按照《城市排水许可管理办法》的规定，对用户排水许可进行管理。用户需排水时，应到排水管理部门进行申报登记，根据水质水量，图纸资料情况办理排水许可证，由排水管理部门统一制定排水方案，用户不得乱接管道、私接进入市政排水管道，确保雨污水完全分流。在用户排水管道出口设置水质检测井，对重点工业企业排水应设置水质在线监测装置，确保用户排水水质达标。居民区住户接管时要审查并检验水质、核算水量、确认连通管道的位置和接管方法，同时进行监督和指导施工，用户接入管道一般要求接入检查井与井中管线管顶平接，具体要求如下：

（1）有粪便污水的出户管只能与污水管或合流管直接连接。

（2）不管是雨水还是污水，出户管均不得接入雨水口内。

（3）污水出户管不得接入雨水管道，雨水出户管不得接入污水管道，合流出户管接入污水管道时必须有截流设施。

三、排水管理和管网地理信息系统

城市排水管理是“水务”管理的主要内容之一，内容复杂时间和空间跨度大，既包括前期排水系统的规划设计、建设管理，还包括建成后的维护、运营调度、设施与设备管理、防汛调度与决策指挥、水质监测与污水处理、执法管理等。在我国，城市排水管理模式正处于变革之中，随着“城市水务”概念的引入，城市排水管理朝市场化、信息化方向发展。

地理信息系统（Geographic Information System，简称GIS）是对具有空间特征的管网信息进行分析、利用和管理的有效工具。像城市给水管网信息系统一样，排水管网信息获取与处理是最合适，也是最需要应用地理信息系统的领域之一。根据管网信息系统数据库、水力数据和优化运行模型的计算结果制定决策方案，将彻底改变人为管理、经验决策的运行局面，建立GIS排水管网信息系统的意义。

（一）建立信息库、方便信息查询

利用地理信息系统的数据采集功能，可以提高排水管网信息获取的效率，方便地将多种数据源、多种类型的排水管网信息集成到地理信息系统的空间数据库中。为规范数据采集行为，某市水务局还专门制定了《排水设施地理信息数据维护技术规定》（沪水务〔2010〕510号），为数据质量提供了技术保障；利用地理信息的数据编辑功能，通过友好的用户界面可对图形和属性数据进行增添、删除、修改等操作及复杂目标的编辑、图形动态拖动旋转拷贝、自动建立拓扑关系和维护图形与属性的对应关系；利用地理信息系统的信息查询功能，可以迅速提供用户所需要的各种管网信息（包括空间信息、属性信息、统计信息等），且查询方式可以是多种多样的，如表达式查询、图形方式、坐标方式、拓扑方式等；利用地理信息系统的数据库管理功能，可自动管理大量排水管网数据，并进行管网数据库创建数据库操作、数据库维护等工作，还可以调用任何连续空间的管网数据；利用地理信息系统的统计制图功能，可将大量抽象的管网信息变成直观的管网专题地图或统计地图，形象地展示出排水管网专题内容、管网空间分布与数据统计规律；利用地理信息系统的空间分析功能，可以从管网目标之间的空间关系中获取派生的信息和新知识，以满足管网信息分析的各种实际需要；利用地理信息系统的专业模型应用功能，可进行管网预测、评价、规划、模拟和决策；利用地理信息系统的演示输出功能，可支持多媒体演示及基于多种介质的管网信息输出，还可用可视化方法生成各种风格的菜单、对话框等。

（二）实时监测、动态管理

通过信息管理系统能实现对运行排水泵站水泵开停机运转情况、集水井水位变化降雨情况以及系统内积水敏感地（如低洼地、下立交地道的积水情况）等实时监测，为指挥调度，调整排水系统运行方案及时提供决策依据。同时也可在工程作业车上安装GPS定位系统，跟踪抢险车辆运行轨迹，指挥车辆走最佳路线，迅速赶到抢险救灾现场等。

（三）优化设计、节省投资

在传统的排水管网设计方法中，设计者虽然根据经验进行初步优化选择，并尽量使设计达到技术上先进、经济上合理，但其技术经济分析一般仅考虑几个不同布置形式的比较方案，且不考虑同一布置形式下不同设计参数组合的方案比较。欲从根本上解决排水管网设计优化问题，以节省投资，需建立数学模型进行优化设计。另外，排水管网的优化设计应从整个排水系统角度考虑，而不是单独某一管段的优化，因此需准确掌握城市整体排水管网系统的现状。

（四）科学决策与分析

只有建立优化分析系统，才能进行科学决策分析，这包括投资决策、事故分析和重大设计决策等。例如，在确定排水管渠系统投资标准时，应进行技术经济评价和风险性分析，投资决策部门或投资者要平衡提高投资标准获得的效益与降低投资标准可能造成的经济损失及给社会造成的危害。

四、排水管网地理信息系统数据库的建立

地理信息系统能够描述与空间和地理分布有关的数据，基于GIS技术的排水管网信息管理系统将基础地理信息和排水管网信息有效地融合为一体，以实现对排水管网的动态管理和维护。

建立排水管网地理信息系统首先需要对辖区排水管网进行普查，获取基础数据的准确性、全面性是以后各项工作的基础。排水管网普查主要采用物探、测量等方法查明排水管道现状，包括的内容有：排水管线和窨井的空间位置、埋深、形状、尺寸、材质、窨井及附属设施的大小等。我国较早就开展了地下管线普查的工作，经过多年的发展和积累，管线普查已经形成了成熟的技术标准和规范，为排水管网普查和数据采集奠定了基础。排水管网普查涉及物探、测绘、计算机、地理信息等多专业的综合性系统工程，包括排水管线探查、排水管线测量、建立排水管线数据库、编制排水管线图、工程监理和验收等部分。

建立基于GIS的排水管网信息管理系统。排水管网信息系统是在硬件、软件和网络的支持下，对排水管线普查信息进行存储、分析管理和提供用户应用的技术系统，是体现普查成果的最终方式，保持成果实用性的有效手段。因此，建立该系统是排水管网普查后实现管网数据科学化管理的保证。排水管网信息管理系统包含的功能有：数据检查、数据入库和编辑、地图管理、查询与统计、空间分析、排水管道检测管理、管道养护管理、数据输出、用户管理等。

由英国Wallingford公司研制的InfoNet系统是目前世界上最优秀的基于GIS的排水管网信息管理系统之一。该系统有效地集成了排水管网资产数据、测量数据、模型数据、养护数据，可实现排水管网日常维护规划和管理、排水管网规划分析、管网运行报告等功能。

第三节 给水排水工程施工现场管理

一、施工现场布置与管理的要点

（一）施工现场的平面布置与划分

1.基本要求

（1）在施工用地范围内，将各项生产、生活设施及其他辅助设施进行规划和布置，满足施工组织设计及维持社会交通的要求。

（2）给排水工程的施工平面布置图有明显的动态特性，必须详细考虑好每一步的平面布置及其合理衔接，科学合理地规划，绘制出施工现场平面布置图。

（3）工程施工阶段按照施工总平面图要求，设置道路、组织排水、搭建临时设施、堆放物料和停放机具设备等。

2.总平面图设计依据

（1）现场勘查、信息收集、分析数据资料；工程所在地区的原始资料，包括建设、勘察、设计单位提供的资料，工程所在地区的自然条件及技术、经济条件。

（2）经批准的工程项目施工组织设计、交通导行（方案）图、施工总进度计划。

（3）现有和拟建工程的具体位置、相互关系及净距离尺寸。

（4）各种工程材料、构件、半成品、施工机具和运输工具等资源需求量计划。

（5）建设单位可提供的房屋和其他设施。

（6）批准的临时占路和用地等文件。

3.总平面布置原则

（1）满足施工进度、方法、工艺流程及施工组织的需求，平面布置合理、紧凑，尽可能减少施工用地。

（2）合理组织运输，保证场内道路畅通，运输方便，各种材料能按计划分期分批进场，避免二次搬运，充分利用场地。

（3）因地制宜划分施工区域的和临时占用的场地，且应满足施工流程的要求，减少各工种之间的干扰。

（4）在保证施工顺利进行的条件下，降低工程成本；减少临时设施搭设，尽可能利用施工现场附近的原有建筑物作为施工临时设施。

（5）施工现场临时设施的布置，应方便生产和生活，办公用房靠近施工现场，福利设施应在生活区范围之内，并尽量远离施工区。

（6）施工平面布置应符合主管部门相关规定和建设单位安全保卫、消防、环境保护的要求。

4.平面布置的内容

（1）施工图上所有地上、地下建筑物、构筑物以及其他设施的平面位置。

（2）给水、排水、供电管线等临时位置。

（3）生产、生活临时区域及仓库、材料构件、机具设备堆放位置。

（4）`现场运输通道、便桥及安全消防临时设施。

（5）环保、绿化区域位置。

（6）围墙（挡）与入口（至少要有2处）位置。

（二）施工现场封闭管理

1.封闭管理的原因

未封闭管理的施工现场的作业条件差，不安全因素多，在作业过程中既容易伤害作业人员，也容易伤害现场以外的人员。因此，施工现场必须实施封闭式管理，将施工现场与外界隔离，以保护环境、美化市容。

2.围挡（墙）

（1）施工现场围挡（墙）应沿工地四周连续设置，不得留有缺口，并根据地质、气候、围挡（墙）材料进行设计与计算，确保围挡（墙）的稳定性、安全性。

（2）围挡的用材应坚固、稳定、整洁、美观，宜选用砌体、金属材板等硬质材料，不宜使用彩布条、竹篱笆或安全网等。

（3）施工现场的围挡一般应不低于1.8m，在市区内应不低于2.5m，且应符合当地主管部门有关规定。

（4）禁止在围挡内侧堆放泥土、砂石等散装材料以及架管、模板等。

（5）雨后、大风后以及春融季节应当检查围挡的稳定性，发现问题及时处理。

3.大门和出入口

（1）施工现场应当有固定的出入口，出入口处应设置大门。

（2）施工现场的大门应牢固美观，大门上应标有企业名称或企业标识。

（3）出入口应当设置专职门卫保卫人员，制定门卫管理制度及交接班记录制度。

（4）施工现场的进口处应有整齐明显的“五牌一图”。

①五牌：工程概况牌、管理人员名单及监督电话牌、消防保卫牌、安全生产（无重大事故）牌、文明施工牌；工程概况牌内容一般应写明工程名称、面积、层数、建设单位、设计单位、施工单位、监理单位、开竣工日期、项目负责人（经理）以及联系电话。

②一图：施工现场总平面图。可根据情况再增加其他牌图，如工程效果图、项目部组织机构及主要管理人员名单图等。

（5）标牌是施工现场重要标志的一项内容，所以不但内容应有针对性，同时标牌制作、挂设也应规范整齐、美观，字体工整。

4.警示标牌布置与悬挂

（1）施工现场应当根据工程特点及施工的不同阶段，有针对性地设置、悬挂安全警示标志。在施工现场的危险部位和有关设备、设施上设置安全警示标志，是为了提醒、警示进入施工现场的管理人员、作业人员和有关人员，要时刻认识到所处环境的危险性，随时保持清醒和警惕，避免事故发生。

（2）根据国家有关规定，施工现场入口处、施工起重机具（械）、临时用电设施、脚手架、出入通道口、楼梯口、电梯井口、孔洞口、桥梁口、隧道口、基坑边沿、爆破物及有害危险气体和液体存放处等属于危险部位，应当设置明显的安全警示标志。

（3）安全警示标志的类型、数量应当根据危险部位的性质不同，设置不同的安全警示标志。如：在爆破物及有害危险气体和液体存放处设置禁止烟火、禁止吸烟等禁止标志；在施工机具旁设置当心触电、当心伤手等警告标志；在施工现场入口处设置必须戴安全帽等指令标志；在通道口处设置安全通道等指示标志；在施工现场的沟、坎、深基坑等处，夜间要设红灯示警。

（4）施工现场安全标志设置后应当进行统计记录，绘制安全标志布置图，并填写施工现场安全标志登记表。

（三）施工现场场地与道路

1.现场的场地

（1）现场的场地应当整平、清除障碍物，无坑洼和凹凸不平，雨季不积水，暖季应适当绿化。

（2）施工现场应具有良好的排水系统，设置排水沟及沉淀池，现场废水未经允许不得直接排入市政污水管网和河流。

（3）现场存放的化学品等应设有专门的库房，地面应进行防渗漏处理。地面应当经常洒水，对粉尘源进行覆盖遮挡。

2.施工现场的道路要求

（1）施工现场的道路应畅通，应当有循环干道，满足运输、消防要求。

（2）主干道应当平整坚实，且有排水措施，硬化材料可以采用混凝土、预制块或用石屑、焦渣、砂石等压实整平，保证不沉陷，不扬尘，防止泥土带入市政道路。

（3）道路应当中间起拱，两侧设排水设施，主干道宽度不宜小于3.5m，载重汽车转弯半径不宜小于15m，如因条件限制，应当采取措施。

（4）道路的布置要与现场的材料、构件、仓库等堆场、吊车位置相协调、配合。

（5）施工现场主要道路应尽可能利用永久性道路，或先建好永久性道路的路基。在主体工程结束之前再铺路面。

（四）临时设施搭设与管理

1.临时设施的种类

（1）办公设施，包括办公室、会议室、门卫传达室等。

（2）生活设施，包括宿舍、食堂、厕所、淋浴室、阅览娱乐室、卫生保健室等。

（3）生产设施，包括材料仓库、防护棚、加工棚[站、厂，如混凝土搅拌站、砂浆搅拌站、木材加工厂、钢筋加工厂、机具（械）维修厂等]、操作棚等。

（4）辅助设施，包括道路、停车场、现场排水设施、围墙、大门等。

2.临时设施的搭设与管理

（1）办公室。施工现场应设置办公室，办公室内布局应合理，文件资料宜归类存放，并应保持室内清洁卫生。

（2）职工宿舍：

①宿舍应当选择在通风、干燥的位置，防止雨水、污水流入；不得在尚未竣工建筑物内设置员工集体宿舍。

②宿舍必须设置可开启式窗户，设置外开门；宿舍内应保证有必要的生活空间，室内净高不得小于2.5m，通道宽度不得小于0.9m，每间宿舍居住人员不应超过16人。

③宿舍内的单人铺不得超过2层，严禁使用通铺，床铺应高于地面0.3m，人均床铺面积不得小于1.9m×0.9m，床铺间距不得小于0.3m。

④宿舍内应设置生活用品专柜，有条件的宿舍宜设置生活用品储藏室；宿舍内严禁存放施工材料、施工机具和其他杂物；宿舍周围应当搞好环境卫生，设置垃圾桶、鞋柜或鞋架，生活区内应为作业人员提供晾晒衣物的场地，房屋外应道路平整，晚间有充足的照明。

⑤寒冷地区冬季宿舍应有保暖、防煤气中毒措施，火炉应当统一设置、管理，炎热季节应有消暑和防蚊虫叮咬措施。

⑥应当制定宿舍管理使用责任制，轮流负责卫生和使用管理或安排专人管理。

（3）食堂：

①食堂应当选择在通风、干燥的位置，防止雨水、污水流入，应当保持环境卫生，远离厕所、垃圾站、有毒有害场所等污染源的地方，装修材料必须符合环保、消防要求。

②食堂应设置独立的制作间、储藏间；食堂应配备必要的排风设施和冷藏设施，安装纱门纱窗，室内不得有蚊蝇，门下方应设不低于0.2m的防鼠挡板；食堂

的燃气罐应单独设置存放间，存放间应通风良好并严禁存放其他物品。

③食堂制作间灶台及其周边应贴瓷砖，瓷砖的高度不宜小于1.5m；地面应做硬化和防滑处理，按规定设置污水排放设施。

④食堂制作间的刀、盆、案板等炊具必须生熟分开，食品必须有遮盖，遮盖物品应有正反面标识，炊具宜存放在封闭的橱柜内。

⑤食堂内应有存放各种佐料和副食的密闭器皿，并应有标识，粮食存放台距墙和地面应大于0.2m。

⑥食堂外应设置密闭式泔水桶，并应及时清运，保持清洁；应当制定并在食堂张挂食堂卫生责任制，责任落实到人，加强管理。

（4）厕所：

①厕所大小应根据施工现场作业人员的数量设置。

②施工现场应设置水冲式或移动式厕所，厕所地面应硬化，门窗齐全。蹲坑间宜设置隔板，隔板高度不宜低于0.9m。

③厕所应设专人负责，定时进行清扫、冲刷、消毒，防止蚊蝇孳生。

（5）仓库：

①仓库的面积应通过计算确定，根据各个施工阶段需要的先后进行布置；水泥仓库应当选择地势较高、排水方便、靠近搅拌机的地方。

②仓库内各种工具器件物品应分类集中放置，设置标牌，标明规格型号。

③易燃易爆仓库的布置应当符合防火、防爆安全距离要求；易燃、易爆和剧毒物品不得与其他物品混放，并建立严格的进出库制度，由专人管理。

3.材料堆放与库存

（1）一般要求：

①由于城区施工场地受到严格控制，项目部应合理组织材料的进场，减少现场材料的堆放量，减少场地和仓库面积。

②对已进场的各种材料、机具设备，严格按照施工总平面布置图位置码放整齐。

③停放到位，且便于运输和装卸，应减少二次搬运。

④地势较高、坚实、平坦、回填土应分层夯实，要有排水措施，符合安全、防火的要求。

⑤各种材料应当按照品种、规格堆放，并设明显标牌，标明名称、规格和产

地等。

⑥施工过程中做到“活完、料净、脚下清”。

（2）主要材料半成品的堆放。大型工具，应当一头见齐。

（五）施工现场的卫生管理

1.卫生保健

（1）施工现场应设置保健卫生室，配备保健药箱、常用药及绷带、止血带、颈托、担架等急救器材，小型工程可以用办公用房兼做保健卫生室。

（2）施工现场应当配备兼职或专职急救人员，处理伤员和职工保健，对生活卫生进行监督和定期检查食堂、饮食等卫生情况。

（3）要利用板报等形式向职工介绍防病的知识和方法，做好对职工卫生防病的宣传教育工作，针对季节性流行病、传染病等。

（4）当施工现场作业人员发生法定传染病、食物中毒、急性职业中毒时，必须在2h内向事故发生所在地建设行政主管部门和卫生防疫部门报告，并应积极配合调查处理。

（5）现场施工人员患有法定的传染病或病源携带者时，应及时进行隔离，并由卫生防疫部门进行处置。

（6）办公区和生活区应设专职或兼职保洁员，负责卫生清扫和保洁，应有灭鼠、蚊、蝇、蟑螂等措施，并应定期投放和喷洒药物。

2.食堂卫生

（1）食堂必须有卫生许可证。

（2）炊事人员必须持有身体健康证，上岗应穿戴洁净的工作服、工作帽和口罩，并应保持个人卫生。

（3）炊具、餐具和饮水器具必须及时清洗消毒。

（4）必须加强食品、原料的进货管理，做好进货登记，严禁购买无照、无证商贩经营的食品和原料，施工现场的食堂严禁出售变质食品。

二、环境保护管理的要点

工程环境保护管理是施工组织设计的重要组成部分。

（一）管理目标与基本要求

1.管理目标

（1）满足国家和当地政府主管部门有关规定。

（2）满足工程合同和施工组织设计要求。

（3）兑现投标文件承诺。

2.基本要求

（1）市政公用工程常常处于城镇区域，具有与市民近距离相处的特殊性，因而必须在施工组织设计中贯彻绿色施工管理，详细安排好文明施工、安全生产施工和环境保护方面措施，把对社会、环境的干扰和不良影响降至最低程度。

（2）文明施工做到组织落实、责任落实、形成网络、项目部每月应进行一次文明施工检查，将文明施工管理列入生产活动议事日程当中，做到常抓不懈。

（3）定期走访沿线机关单位、学校、街道和当地政府等部门，及时征求他们的意见。并在施工现场设立群众信访接待站和投诉电话或手机号码，有条件的可留有QQ号码和微信号码，由专人负责沿线群众反映的情况和意见，对反映的问题要及时解答并尽快落实解决。

（4）建立文明施工管理制度，现场应成立专职的文明施工小分队，负责全线文明施工的管理工作。

（二）管理主要内容与要求

1.防治大气污染

（1）为减少扬尘，施工场地的主要道路、料场、生活办公区域应按规定进行硬化处理；裸露的场地和集中堆放的土方应采取覆盖、固化、绿化、洒水降尘措施。

（2）使用密目式安全网对在建建筑物、构筑物进行封闭。拆除旧有建筑物时，应采用隔离、洒水等措施防止施工过程扬尘，并应在规定期限内将废弃物清理完毕。

（3）不得在施工现场熔融沥青，严禁在施工现场焚烧含有有毒、有害化学成分的装饰废料、油毡、油漆、垃圾等各类废弃物。

（4）施工现场应根据风力和大气湿度的具体情况，进行土方回填、转运作业；沿线安排洒水车，洒水降尘。

（5）施工现场混凝土搅拌场所应采取封闭、降尘措施；水泥和其他易飞扬的细颗粒建筑材料应密闭存放，砂石等散料应采取覆盖措施。

（6）施工现场应设置密闭式垃圾站，施工垃圾、生活垃圾应分类存放，并及时清运出场；施工垃圾的清运，应采用专用封闭式容器吊运或传送，严禁凌空抛撒。

（7）从事土方、渣土和施工垃圾运输应采用密闭式运输车辆或采取覆盖措施；现场出入口处应采取保证车辆清洁的措施；并设专人清扫社会交通路线。

（8）城区、旅游景点、疗养区、重点文物保护地及人口密集区的施工现场应使用清洁能源；施工现场的机具设备、车辆的尾气排放应符合国家环保排放标准要求。

2.防治水污染

（1）施工场地应设置排水沟及沉淀池，污水、泥浆必须防止泄漏外流污染环境；污水应尽可能重复使用，按照规定排入市政污水管道或河流，泥浆应采用专用罐车外弃。

（2）现场存放的油料、化学溶剂等应设有专门的库房，地面应进行防渗漏处理。

（3）食堂应设置隔油池，并应及时清理。

（4）厕所的化粪池应进行抗渗处理。

（5）食堂、盥洗室、淋浴间的下水管线应设置隔离网，并应与市政污水管线连接，保证排水通畅。

（6）给水管道严禁取用污染水源施工，如施工管段距离污染水水域较近时，须严格控制污染水进入管道：如不慎污染管道，应按有关规定处理。

3.防治施工噪声污染

（1）施工现场应按照现行国家标准《建筑施工场界环境噪声排放标准》（GB 12523-2011）制定降噪措施，并应对施工现场的噪声值进行监测和记录。

（2）施工现场的强噪声设备宜设置在远离居民区的一侧。

（3）对因生产工艺要求或其他特殊需要，确需在22时至次日6时期间进行强噪声施工的，施工前建设单位和施工单位应到有关部门提出申请，经批准后方可进行夜间施工，并协同当地居委会公告附近居民。

（4）夜间运输材料的车辆进入施工现场，严禁鸣笛，装卸材料应做到轻拿轻放。

（5）对产生噪声和振动的施工机具、机具的使用，应当采取消声、吸声、隔声等有效控制和降低噪声；在规定的时间内不得使用空压机等噪声大的机具设备，如必须使用，须采用隔声棚降噪。

4.防治施工固体废弃物污染

（1）施工车辆运输砂石、土方、渣土和建筑垃圾，要采取密封、覆盖措施，避免泄漏、遗撒，并按指定地点倾卸，防止固体废物污染环境。

（2）运送车辆不得装载过满并应加遮盖。车辆出场前设专人检查，在场地出口处设置洗车池，待土方车出口时将车轮冲洗干净；应要求司机在转弯、上坡时减速慢行，避免遗撒；安排专人对土方车辆行驶路线进行检查，发现遗洒及时清扫。

5.防治施工照明污染

（1）夜间施工严格按照建设行政主管部门和有关部门的规定，设置现场施工照明装置。

（2）对施工照明器具的种类、灯光亮度应严格控制，特别是在城市市区居民居住区内，减少施工照明对城市居民影响。

三、劳务管理的有关要点

（一）分包人员实名制管理目的、意义

1.目的

劳务实名制管理是劳务管理的一项基础工作。实行劳务实名制管理，使总包对劳务分包人数清、情况明、人员对号、调配有序，从而促进劳务企业合法用工、切实维护农民工权益、调动农民工积极性、实施劳务精细化管理，增强企业核心竞争力。

2.意义

（1）实行劳务实名制管理，督促劳务企业、劳务人员依法签订劳动合同，明确双方权利义务，规范双方履约行为，使劳务用工管理逐步纳入规范有序的轨道，从根本上规避用工风险、减少劳动纠纷、促进企业稳定。

（2）实行劳务实名制管理，掌握劳务人员的技能水平、工作经历，有利于有计划、有针对性地加强农民工的培训，切实提高他们的知识和技能水平，确保工程质量和安全生产。

（3）实行劳务实名制管理，逐人做好出勤、完成任务的记录，按时支付工资，张榜公示工资支付情况，使总包可以有效监督劳务企业的工资发放。

（4）实行劳务实名制管理，使总包企业了解劳务企业用工人数、工资总额，便于总包企业有效监督劳务企业按时、足额缴纳社会保险费。

（二）管理措施及管理方法

1.管理措施

（1）劳务企业要与劳务人员依法签订书面劳动合同，明确双方权利义务、工资支付标准、支付形式、支付时间和项目。应将劳务人员花名册、身份证、劳动合同文本、岗位技能证书复印件报总包方项目部备案，并确保人、册、证、合同、证书相符统一。人员有变动的要及时变动花名册、并向总包方办理变更备案。无身份证、无劳动合同、无岗位证书的“三无”人员不得进入现场施工。

（2）要逐人建立劳务人员入场、继续教育培训档案，记录培训内容、时间、课时、考核结果、取证情况，并注意动态维护、确保资料完整、齐全。项目部要定期检查劳务人员培训档案、了解培训开展情况，并可抽查检验培训效果。

（3）劳务人员现场管理实名化。进入现场施工的劳务人员要佩戴工作卡，注明姓名、身份证号、工种、所属劳务企业，没有佩戴工作卡的不得进入现场施工。劳务企业要根据劳务人员花名册编制考勤表，每日点名考勤，逐人记录工作量完成情况，并定期制定考核表。考勤表、考核表须报总包方项目部备案。

（4）劳务企业要根据劳务人员考勤表按月编制工资发放表，记录工资支付时间、支付金额，经本人签字确认后，张贴公示。劳务人员工资发放表须报总包方项目部备案。

（5）劳务企业要按照施工所在地政府要求，根据劳务人员花名册为劳务人员缴纳社会保险，并将缴费收据复印件、缴费名单报总包方项目部备案。

2.管理方法

（1）集成电路卡（Integrated Circuit Card，简称IC卡）。目前劳务实名制管理手段主要有手工台账、EXCEL表和IC卡。使用IC卡进行实名制管理，将科技手段引入项目管理中，能够充分体现总包方的项目管理水平。因此、有条件的项目应逐步推行使用IC卡进行项目实名制管理。IC卡可实现如下管理功能：

①人员信息管理：劳务企业将劳务人员基本身份信息，培训、继续教育信息等录入C卡，便于保存和查询。

②工资管理：劳务企业按月将劳务人员的工资通过储蓄所存入个人管理卡，劳务人员使用管理卡可就近在ATM机支取现金、查询余额，也可异地支取。

③考勤管理：在施工现场进出口通道安装打卡机，劳务人员进出施工现场进行打卡，打卡机记录出勤状况，项目劳务管理员通过采集卡对打卡机的考勤记录进行采集并打印，作为考勤的原始资料存档备查，另作为公示资料进行公示，让每一个劳务人员知道自己在任期内的出勤情况。

④门禁管理：作为劳务人员准许出入项目施工区、生活区的管理系统。

（2）监督检查：

①项目部应每月进行一次劳务实名制管理检查，检查内容主要如下：劳务管理员身份证、上岗证；劳务人员花名册、身份证、岗位技能证书、劳动合同证书；考勤表、工资表、工资发放公示单；劳务人员岗前培训、继续教育培训记录；社会保险缴费凭证。不合格的劳务企业应限期进行整改，逾期不改的要予以处罚。

②总包方应每季度进行一次项目部实名制管理检查，并对检查情况进行打分，年底进行综合评定。适时组织对农民工及劳务管理工作领导小组办公室的抽查。

第六章　建筑给排水项目管理策划

第一节　建筑给排水项目管理策划的作用

一、项目管理与策划基本概念

（一）项目管理的概念

项目作为一种复杂的系统工程活动，往往需要耗费大量的人力、物力和财力，为了在预定的时间内实现特定的目标，必须推行项目科学管理。项目管理作为一种管理活动，其历史源远流长。自从人类开始进行有组织的活动，就一直在执行着各种规模的项目，从事着各类项目管理实践。如我国的大飞机专项、“嫦娥号”探测器探月工程、“天眼”FAST工程、北斗卫星等，都是经典的项目管理活动。

项目管理，从字面上理解应是对项目进行管理，即项目管理属于管理的大范畴，同时也指明了项目管理的对象是项目。“项目管理”一词有两种不同的含义，其一是指一种管理活动，即一种有意识地按照项目的特点和规律，对项目进行组织管理的活动；其二是指一种管理学科，即以项目管理活动为研究对象的一门学科，它是探求项目活动科学组织管理的理论与方法。前者是一种客观实践活动，后者是前者的理论总结，前者以后者为指导，后者以前者为基础。就其本质而言，二者是统一的。正确理解项目管理，首先必须对其概念内涵有正确的认识和理解。由于管理主体、管理对象、管理环境的动态性，不同的人对项目管理有不同的认识。

项目管理就是以项目为对象的系统管理方法，通过一个临时性的专门的柔性组织，对项目进行高效率的计划、组织、指导和控制，以实现项目全过程的动态管理和项目目标的综合协调与优化。

项目管理贯穿于项目的整个生命周期，对项目的整个过程进行管理。它是一种运用既规律又经济的方法对项目进行高效率的计划、组织、指导和控制的手段，并在时间、费用和技术效果上达到预定目标。

（二）项目管理策划

项目管理策划指的是通过调查研究和收集资料，在充分占有信息的基础上，针对项目的决策和实施，或决策和实施的某个问题，进行组织、管理、经济和技术等方面的科学分析和论证，旨在为项目建设的决策和实施增值。

二、建筑给排水项目管理

（一）施工准备阶段质量管理

1.做好施工图审查

施工图审查是给排水施工准备阶段的重要技术工作，合理的施工图审查工作可以有效减少施工错误以及导致的资源浪费。在审查住宅建筑室内给排水施工图过程中重点把握以下几个方面：

（1）审查施工图纸与相关规定保持一致性，对于施工图纸中不符合相关规定或施工无法实现的设计要尽早提出，并与设计方、业主方等各方共同协调解决。

（2）目前多数城市在面临暴雨时往往不能及时将城市雨水排除，其中一个重要原因就是排水管道设计方案中的排水管径不符合标准，略小于规范标准。因此，在会审过程中要考虑施工图中给排水设备设施尺寸。

（3）考虑住宅建筑室内给排水设备设施后期安装空间可能存在不合理的情况，应该及时在施工图会审阶段提出。如卫生间尺寸太小且布置不合理，可能导致蹲便器空间过于狭窄不便使用甚至无法使用。

（4）施工前消防给水的布置要经过当地主管部门的审批，以保证施工满足公安部门出具的消防报建审核意见书。

2.编制好施工组织设计方案

施工项目部在施工前要做好施工组织设计方案工作，并经相关部门审批通过后严格执行。施工组织设计方案中要合理的确定给排水安装施工方案，重点做好预留孔洞和预埋件施工方案，给水管道安装施工方案，排水管道安装施工方案、消防系统施工方案以及卫生洁具的安装施工方案等。在施工组织设计方案中要制定完善有效的施工质量保证措施，包括：明确施工质量管理责任制度，加强图纸会审和自审工作，制定督促各班组开展施工质量自检和互检工作的有效措施，明确施工班组长的施工质量管理责任。制定施工准备阶段、施工阶段和竣工阶段的施工质量管理措施。施工组织方案中还要制定确保质量运行管理目标的保证体系，并针对施工现场材料、施工工艺、施工资料、施工检验验收标准等进行详细规定。施工组织设计方案中要明确质量保证措施，尤其针对常见质量通病必须采取必要的预防措施，做好质量管理工作的事前准备。

（二）有效加强住宅建筑给排水施工项目管理的途径

1.施工前期应当做好充分的准备

在住宅建筑的给排水系统建设过程中，首先要编制完善的施工计划。总体项目实施严格遵循“先地下、后地上”的原则开展给排水工程，以确保场地的平整，也为实现“三通一平”打下了基础。并且还应当提前考虑到排水系统的功能发挥问题，这样就可以为工程施工过程中的突发洪涝灾害及早做好防范。其次要设定明确的施工界线。对于具体施工范围内施工单位的选择上采取招投标的形式。遵循“区域自治”和“接口明确‘的原则，不同的施工范围内各自所属的地上、地下工程应当由同一个施工单位来负责。最后在施工图纸的审核上应当由施工前期建设单位、总承包单位、设计单位和施工单位共同协商完成。图纸审核过程中应当注意诸如地下管线较多时管线间隔问题、排水管线的坡度值设定等。另外，总承包单位质量管理部门还应当编制符合具体工程项目实际的切实可行的质量计划，使居民住宅建筑的给排水系统质量问题得到保障。

2.施工过程中做好全方位的审查

住宅建筑给排水系统工程项目施工过程中应当首先严格按照工程施工的相关文件要求对材料的尺寸、强度进行检验，依据图纸设计中对材质、型号、规格等等的规定进行外观审查。其次是审查住宅建筑给排水工程施工现场的管理工作。总承包单位方应当对各区域施工的分界处同种管线的碰头事宜诸如时间、地点、操作人员以及质检等等各方面做好协调，以保证在工程施工过程中的各类突发情况都能得到及时有效解决。再次是审查住宅建筑给排水工程项目施工中的安全管理工作。各分配区域的施工单位应亲临现场进行检查指导，以及时发现并有效防范违章操作行为。在工程施工之前应当在员工之间切实普及推行施工安全教育的理论知识。在水电网的埋设上由总施工单位统一安排规划。最后要审查住宅建筑给排水工程项目施工的质量管理工作。在具体实践操作过程中，总承包单位应当与建设单位和各施工单位质量管理部门一起严格按照质量管理的相关规定采取相应有力的措施来操作执行。在整个工程施工的过程中应严格遵循“停、检、检”三步走策略，具体而言也即是，工程施工每经过一个质量控制的关键点就应当立即暂停施工，随即由相关部门进行质量检验，质检通过以后方可进入下一步施工进程。另外，排水系统的设置中是整个项目的薄弱环节，应当事先做好防患准备。

3.施工后期进行严谨的试验验收

住宅建筑给排水工程项目施工到了后期，工程的总承包单位应当会同建设单位的相关部门指派人员进行项目的收尾工作。收尾工作具体体现在质检和交接两大方面。质检过程中容易忽略的一点是碳钢金属管道在分段质检合格通过之后，管段之间彼此联结的焊接点由于无法按照常规步骤落实检验，因此必须进行有针对性的焊缝无损探伤检查，这样就使得焊接点部位联结各管段的质量得到了保证。另外，还应注意住宅建筑给排水管道的供水系统和循环水系统管网的水冲洗运行过程中，应当保证二者的协调性和连贯性，这两项系统是在同一时间运行的。由于二者均是易出现安全问题的部位，因此必须事先做好完备的防患措施。而收尾工作的交接过程还表现为中间交接和竣工交接两个阶段。具体来讲，项目总承包单位在试车阶段就应当会同建设施工方来参与收尾事项安排，双方对整个工程施工过程中的各类事项做一个全面的了解和总结，在试车合格以后，就依照项目施工的相关规范和要求由总承包单位方来办理中间交接的各项事宜。

三、建筑给排水项目策划

（一）前期策划

1.大量的项目前期工作、策划项目十分关键

科学、合理、超前的项目规划论证是给排水工程项目成败的关键。结合建筑总体规划，提出给排水规划，确定当前急需解决的初步方案，即预可研报告。通过评审后，再按以下流程完成工程前期审批工作：

（1）通过公开（或邀请）招投标确定设计单位编制项目可行性研究报告；

（2）请示行业主管部门及发改委部门批复；

（3）通过公开（或邀请）招投标确定地勘单位对工程项目实施地点进行地质勘察（含初勘和详勘）；

（4）委托资质机构对项目进行环境影响评估，形成环评报告，报环保部门审批；

（5）通过公开（或邀请）招投标确定设计单位作工程项目初步设计；

（6）初步设计审查及报批；

（7）通过公开（或邀请）招投标确定设计单位作施工图设计及概预算的编制；

（8）施工图设计及概预算的成果需委托有资质的审查机构审查合格，报建设行政主管部门（或行业主管部门）备案，审查合格的概预算报发改委审批。

2.签订合同及报建

凡是涉及工程咨询服务、地质勘测、设计、监理、施工及工程采购等都应按照《中华人民共和国合同法》签订合同。

报建程序的部分环节可在前述过程中同步进行。如在得到工程项目可研批复后，就可办理工程项目的红线图及选址意见书、用地规划许可证，办完用地手续，就进行征地、移民拆迁、补偿安置。根据工程项目性质、特点，按要求报建。如外资项目（利用世界银行贷款项目），既要按世界银行贷款项目规定办理，还要按国内相关规定及程序办理报建手续。开工前，还需办理《建设工程规划许可证》、工程质量报监、工程安全报监、施工图审查备案、施工合同备案、办理“民工工资保障证明”及《工程施工许可证》。

（二）运行过程中策划

1.给水系统

（1）运行主管每周检查巡视、抄表记录，对异常情况组织分析与检查。

（2）工程部部长每月抽查巡视、抄表记录。

（3）发现问题及时解决，不能解决的应及时向运行主管报告，重大事故应报告工程部部长协调解决。

（4）要处理的问题会对业主的生活造成影响的，应告知客户服务中心联系相关业主后才能进行处理。

（5）如有设备丢失或损坏应保护现场并及时通知运行主管，运行主管确认后报安管部及管理处等相关部门查处责任人或进行保险索赔。

2.排水系统

（1）运行主管每日检查巡视记录，抽查现场。

（2）工程部部长每周检查巡视记录，抽查现场。

（3）运行主管每周检查维保记录与设备情况。

（4）工程部部长每月检查维保记录与设备情况。

3.雨水系统

（1）运行主管每日检查巡视记录，抽查不少于5%的设备现场，并按照抄表日期检查抄表记录。

（2）运行主管对上述系统的维护保养状况进行检查。

第二节　建筑给排水项目范围控制

一、项目范围管理与控制基本概念

（一）项目范围管理的含义

1.项目范围的含义

项目范围（Project Scope）是指为了成功地实现项目目标所必须完成的全部且最少的工作。该定义包含以下两层含义：

（1）全部的：实现该项目目标所进行的“所有工作”，任何工作都不能遗漏，否则将会导致项目范围“萎缩”。

（2）最少的：完成该项目目标所规定的“必要的、最少量”的工作，不进行此项工作就无法最终完成项目。工作范围不包括那些超出项目可交付成果需求的多余工作，否则将导致项目范围“蔓延”。

2.项目范围管理的含义

美国凯勒管理研究生院的项目经理威廉认为，缺少正确的项目定义和范围核实是导致项目失败的主要因素。因此，项目管理最重要也是最难做的一件工作，就是确定项目的范围，并以此进行进一步的管理。

项目范围管理（Project Scope Management）包括确保项目做且只做成功完成项目所需的全部工作的各个过程。管理项目范围主要在于定义和控制哪些工作应包括在项目内，哪些不应包括在项目内。在这个定义中有四层含义：

（1）所确定的项目范围是充分的。

（2）项目范围不包括那些不必要的工作。

（3）项目范围规定要做的工作能够实现预想的商业目标。

（4）以科学的技术和方法对项目进行范围的制定，并进一步进行控制。

项目团队中的所有的人必须在项目要产出什么样的产品方面达成共识，也要在如何生产这些产品方面达成一定的共识。通过项目范围的管理过程，把客户的需求首先转化成对项目产品的定义，再进一步把项目产品的定义转变成对项目工作范围的说明。

（二）项目范围管理的工作过程

项目范围管理的工作过程包括六个部分，分别是项目范围规划、收集需求、项目范围定义、创建工作分解结构、项目范围确认和项目范围控制。

（三）项目范围控制的内容

范围控制（Scope Control）是监督项目和产品的范围状态、管理范围基准变更的过程。本过程的主要作用是在整个项目期间保持对范围基准的一致性。

范围控制过程确保所有变更请求、纠偏措施或预防措施都能通过实施整体变更控制过程进行处理。范围控制过程应该与其他控制过程协调开展。未经控制的产品或项目范围的扩大（未对时间、成本和资源做相应调整）被称为范围蔓延。变更不可避免，因此在每个项目上，都必须强制实施某种形式的变更控制。

（四）项目范围控制的依据

1.项目工作分解结构

项目工作分解结构定义了项目范围的内容和底线。当实际项目实施工作超出或达不到项目工作分解结构的范围要求时，就表明发生了项目范围的变更。项目范围变更发生后必须要对项目工作分解结构进行调整和更新。

2.项目的实施情况报告

项目实施情况报告一般包括两类信息或资料。其一是项目的实际进程资料，包括项目工作的实际开始和完成时间以及实际发生的费用等情况；另一类是有关项目范围、工期计划和成本预算的变更信息。例如，项目的哪些中间产品已完成，哪些还没有完成；项目的工期和预算是超过了项目计划还是未超过项目计划等。它还提醒项目组织注意那些会在未来引发问题和项目范围变更的因素和环节。

3.项目范围变更的请求

项目范围变更的请求可能以多种形式出现，可以是口头或书面的，可以是直接或间接的，可以由内部提出的，也可以是外部要求的，甚至是法律强制的。项目范围变更要求可能是要求扩大项目的范围，也可能是要求缩小项目的范围。绝大多数项目范围变更要求是由于以下原因引起的：

（1）某个外部事件。例如，政府有关法规的变更。

（2）在定义项目范围时的某个错误或疏漏。例如，在设计一个电信系统时疏忽了一个必备的特殊构件。

（3）增加项目价值的变更。例如，在一个环保项目中发现通过采用某种新技术可以降低项目成本，但在最初定义项目范围时新技术尚未出现，所以需要变更项目范围。

4.项目范围管理计划

项目范围管理计划是有关项目范围总体管理与控制的计划文件。这一文件的具体内容前文已有详细的论述。

（五）项目范围控制的方法

1.项目范围变更控制系统

项目范围变更控制系统是开展项目范围控制的主要方法。这一系统给出了项目范围变更控制的基本控制程序、控制方法和控制责任。这一系统包括文档化工作系统，变更跟踪监督系统，以及项目变更请求的审批授权系统。在项目的实施过程中，项目经理或项目实施组织利用所建立的项目实施跟踪系统，定期收集有关项目范围实施情况的报告，然后将实际情况与计划的工作范围相比较，如果发现差异，则需要决定是否采取纠偏措施。如果决定采取纠偏措施，那么必须将纠偏措施及其原因写成相应的文件，作为项目范围管理文档的一部分。同时，要将项目范围的变更情况及时通知项目所有相关利益者，在获得他们一致的认可之后，才可以采取项目范围变更的行动。

2.项目实施情况的度量

项目实施情况的度量技术也是项目范围变更控制的一种有效的技术和方法。这一方法有助于评估已经发生项目范围变更的偏差大小。项目范围变更控制的一个重要内容就是识别已发生变更的原因，以及决定是否要对这种变更或差异采取纠偏行动，而这些都需要依赖项目实施情况度量技术和方法。

3.追加计划法

几乎没有项目能够完全按照项目计划实施和完成的，项目范围的变更可能要求对项目工作分解结构进行修改和更新，甚至会要求重新分析和制订替代的项目实施方案。项目范围的变更会引起项目计划的变更，即项目范围的变更会要求项目组织针对变更后的情况，制订新的项目计划，并将这部分计划追加到原来的项目计划中去。

4.项目三角形法

项目三角形法是一种项目集成控制的技术方法，这种方法可以用于对项目范围进行有效的控制。所谓的"项目三角形"是指由项目时间、项目成本预算和项目范围所构成的三角形。大多数项目都会有明确的完成日期、项目预算和项目范围的限制。项目时间、项目预算和项目范围三个要素被称为项目成功的三大要素。如果调整了这三个要素中的任何一个，另外两个就会受到影响。虽然这三个要素都很重要，可一般来说会有一个要素对一个项目的影响最大。例如，如果决定对项目工期计划做出调整以缩短工期，提前完成项目，那么就会面临增加项目成本或缩小项目范围的选择。如果需要调整项目计划以将项目成本控制在项目预算之内，那么其结果可能会延长项目工期或缩小项目范围。同样，如果希望扩大项目范围，那么项目就会耗费更多的时间和金钱。

在使用项目三角形法控制项目的范围变更时，首先应明确项目的时间、成本预算和范围三个要素中的哪一个对项目的成功最为重要。项目三角形法的主要做法如下：

（1）调整项目三角形的时间边。当发现项目实际工期突破了项目工期预计时限时，有多种方法可以调整项目工期的长短。调整方法的选择主要取决于项目的限制条件（诸如预算、资源、范围和任务的灵活性限制等）。最有效的缩短工期的方法是调整项目关键路径上的任务。这方面的措施有缩短一些工作的作业工期、安排一些工作同步进行、增加资源以加快进度、缩小项目的范围等。当调整项目工期时，项目成本可能会增加，资源利用可能会不经济，而且项目范围也可能发生变更。因此，在变更项目工期以后还要完成下述（2）—（5）的工作。

（2）调整项目三角形的成本边。当发现项目的实际成本超出了项目预算时，就需要重新调整项目的预算和成本。项目成本主要受项目资源配置的影响。所以，为了降低成本，首先可以缩小项目的范围，这样任务数量减少，占用的资源就会下降，成本就会降低。同时，还可以通过验证项目资源配置的优化情况，发现和消除存在的浪费，从而降低项目成本。另外，也可以通过采用价值工程的方法去分析是否存在替代资源，也许还会找到比较便宜的资源去替代昂贵的资源，这样也可以降低项目成本。在调整项目工期以保证项目不超出预算时，项目工期可能会延长或项目范围可能会缩小。

（3）调整项目三角形的范围边。改变项目范围一般包括改变项目任务的数量或工期。项目范围和项目质量是密切相关的，在缩小范围的同时也会降低项目的质量标准，相反在扩大项目范围的同时，也可能会带来项目质量的提高。例如，如果取消一系列可选择性的项目任务，那么用于这些任务的资源就可以腾出来用于其他方面，而且它们也将不包括在这个项目的预算范围内了。如果增加一些可选择性的任务，就要投入更多资源和时间，从而就会扩大项目范围。另外，改变项目范围会影响项目关键路径的工期，使项目工期后延。通常的做法是，当发现必须按照项目工期完成项目，同时又必须将项目成本控制在预算之内时，这可以通过缩小项目范围去实现上述两项目标。当然，如果发现还有多余的时间或预算，就可以扩大项目范围，从而提高项目质量。

（4）资源在项目三角形中的作用。在保持项目目标合理平衡的情况下，一般需要优化项目范围和计划以确保资源的有效利用。按照项目三角形，资源被看作项目成本。所以在调整项目资源时，项目成本将以资源的成本费率为基础相应上升或降低。但是，在调整资源时，项目工期也许会发生变更。例如，如果有资源不足而需要进行调配时，项目工期可能出现延迟；反之在有资源剩余时，就可以扩大项目范围，以便在资源的可利用时间内，更好地利用全部资源。

（5）质量与项目三角形的关系。质量是项目三角形中的第四个要素，而且是处于中心位置的关键要素。项目三角形的三条边中任何一条边的改变都会影响项目质量。项目质量虽然不是三角形的“边”，但是却直接受三条边变化的影响，任何项目时间、成本预算和范围的变更，都会直接影响到项目质量。例如，如果发现项目工期比较松，时间富裕，就可以通过增加项目任务来扩大项目范围来使用这些时间，这种项目范围的扩大多数能够提高项目及其产出物的质量。反之，如果发现项目预算较紧，缺乏资金，就可以通过减少项目任务来缩小项目范围，随着范围的缩小，一般很难保证既定的项目质量，所以削减项目成本会导致项目质量的降低。

二、建筑给排水项目范围控制

（一）给水系统

（1）给水系统采购安装，管井给水立管采购安装；

（2）五星级酒店、高端住宅楼按图预留并敷设管道至用水点加堵头（含末端水表阀门），不含精装区域卫生洁具、龙头的采购安装；

（3）裙楼体育中心、文娱中心、购物中心、商业步行街不含卫生洁具、龙头的安装，预留并铺设管道至用水点加堵头；

（4）给水在非精装施工至用水末端，在精装部位施工至预留用水总管处（含阀门）；

（5）生活给水泵组及管道阀门的安装。

（二）排水系统

（1）排水系统采购安装，管井污水立管，透气立管采购安装；

（2）建筑物至室外第一个污水检查井（不包含井）接管采购安装；

（3）酒店、高宅楼户等内沉箱地漏及各户内地漏的存水弯；

（4）体育中心、文娱中心、购物中心、商业步行街公共区域地漏采购安装（除精装区域之外）；

（5）排水在非精装施工自排水地漏起，在精装部位自排水立管预留三通；

（6）地下室压力排水系统采购安装（含潜污泵、压力排水管道阀门），压力排水至建筑物外第一个检查井（不包含井）；

（7）不含地下室底板排水管道敷设、地漏安装。

（三）雨水系统

（1）雨水系统采购安装，管井雨水立管采购安装；

（2）雨水斗、阳台地漏采购安装；

（3）建筑物至室外第一个雨水检查井（不包含井）接管采购安装。

第三节 建筑给排水项目范围控制的主要措施

一、制定项目建筑给排水启动过程

启动过程明确指定这一过程有一个重要的输出文档——项目章程，项目章程将粗略地规定项目的范围，这也是项目范围管理后续工作的重要依据。项目章程中还将规定项目经理的权利以及项目组中各成员的职责，还有项目其他干系人的职责，这也是在以后的项目范围管理工作中各个角色如何做好本职工作有一个明确的规定，以致后续工作可以更加有序地进行。因此，千万不能忽略项目的启动过程。

建筑给排水项目章程部分内容包括：

（一）总则

（1）项目背景。

（2）项目合同关系。

（3）项目主要关联公司。

（4）项目概况及自然条件。

（5）项目范围。

（6）项目合同数据。

（7）项目相关。

（8）章程宗旨。

（9）制定依据。

（10）制定原则。

（11）项目章程内容。

（12）章程编制及修改。

（二）项目结构及流程

（1）项目技术阶段。
（2）项目实施阶段。

（三）项目管理原则.

（1）董事会对项目实施例外管理。
（2）项目公司项目管理原则。

（四）项目目标

（1）项目总目标。
（2）项目分目标。

（五）项目管理基础数据体系

（1）目的。
（2）项目管理基础数据体系构成。
（3）公司标准数据表。
（4）公司数据库。
（5）项目应用数据表。
（6）企业项目结构。

（六）项目公司组织机构

（1）总则。
（2）项目公司组织模式。
（3）项目公司机构责任。
（4）项目公司管理岗位责任制。

（七）项目管理要求

（1）项目管理总要求。
（2）项目管理环境。

（3）项目管理结构。

（4）项目管理程序。

（5）项目公司管理制度。

（6）项目公司计划管理。

二、建筑给排水范围计划

范围计划是指进一步形成各种文档，为将来项目决策提供基础，这些文档中包括用以衡量一个项目或项目阶段是否已经顺利完成的标准等。作为范围计划过程的输出，项目组要制定一个范围说明书和范围管理计划。

要做好一个项目首先强调的就是周密地做好范围计划编制。范围计划编制是将产生项目产品所需进行的项目工作（项目范围）渐进明细和归档的过程。做范围计划编制工作是需要参考很多信息的，比如产品描述，首先要清楚最终产品的定义才能规划要做的工作，项目章程也是非常主要的依据，通常它对项目范围已经有了粗线条的约定，范围计划在此基础上进一步深入和细化。

建筑给排水范围计划资料：

（1）排水：排水隐蔽工程报验申请表（附施工检查记录，室内排水管道及配件安装工程检验批质量验收记录，隐蔽工程检查验收记录）；室内排水（附报验申请表，计时工检查记录，室内排水检验批质量验收记录）；雨水管道安装报验申请表（附施工检查记录，雨水管道及配件安装检验批质量验收记录）；排水管道系统试验记录（附管道通水试验记录、管道通球试验记录、灌水（渗水）试验记录。

（2）给水：给水隐蔽报验申请表（附施工检查记录，室内给水管道及配件暗黄检验批质量验收记录，隐蔽工程检查验收记录）；室内给水管道报验申请表（附施工检查记录，室内给水管道及配件安装检验批质量验收记录）；给水管道系统试验报验申请表（附管道冲洗记录、管道通水试验记录）。

三、建筑给排水范围核实

范围核实是指对项目范围的正式认定，项目主要干系人，如建筑给排水项目中承包方和发包方等要在这个过程中正式接受项目可交付成果的定义。

这个过程是建筑给排水范围确定之后，执行实施之前各方相关人员的承诺问题。一旦承诺则表明你已经接受该事实，那么就必须根据承诺去实现。这也是确保建筑给排水项目范围能得到很好的管理和控制的有效措施。

四、建筑给排水变更控制

建筑给排水范围变更控制是指对有关项目范围的变更实施控制。主要的过程输出是范围变更、纠正行动与教训总结。

再好的计划也不可能做到一成不变，因此变更是不要避免的，关键问题是如何对变更进行有效的控制。控制好变更必须有一套规范的变更管理过程，在发生变更时遵循规范的变更程序来管理变更。通常对发生的变更，需要识别是否在既定的项目范围之内。如果是在项目范围之内，那么就需要评估变更所造成的影响，以及如何应对的措施，受影响的各方都应该清楚明了自己所受的影响；如果变更是在项目范围之外，那么就需要商务人员与用户方进行谈判，看是否增加费用，还是放弃变更。因此，项目所在的组织（企业）必须在其项目管理体系中制定一套严格、高效、实用的变更程序。

参考文献

[1]高将，丁维华.建筑给排水与施工技术[M].镇江：江苏大学出版社，2021.

[2]张胜峰.建筑给排水工程施工[M].北京：中国水利水电出版社，2020.

[3]房平，邵瑞华，孔祥刚.建筑给排水工程[M].成都：电子科技大学出版社，2020.

[4]孙明，王建华，黄静.建筑给排水工程技术[M].长春：吉林科学技术出版社，2020.

[5]王新华.供热与给排水[M].天津：天津科学技术出版社，2020.

[6]杨洪海，卜洁莹，寇春刚.建筑给排水工程设计与施工管理[M].哈尔滨：哈尔滨地图出版社，2019.

[7]张瑞，毛同雷，姜华.建筑给排水工程设计与施工管理研究[M].长春：吉林科学技术出版社，2022.

[8]张伟.给排水管道工程设计与施工[M].郑州：黄河水利出版社，2020.

[9]阎丽欣，高海燕.市政工程造价与施工技术[M].郑州：黄河水利出版社，2020.

[10]尹志国.项目管理[M].西安：西安电子科学技术大学出版社，2020.

[11]林锐，肖壮，赵晓飞.项目管理[M].成都：电子科技大学出版社，2020.

[12]牟绍波，张嗣徽.项目管理[M].北京：机械工业出版社，2019.

[13]杨晓林.工程项目管理[M].北京：机械工业出版社，2021.

[14]梁鸿颉，赵霞，王斌.工程项目管理[M].北京：机械工业出版社，2020.

[15]项勇，卢立宇，徐姣姣.现代工程项目管理[M].北京：机械工业出版社，2020.